瓜嫁接育苗车间

西瓜嫁接穴盘苗

小麦、西瓜、玉米间套作栽培

1

金玉玲珑

小西瓜优良品种

红小玉

春光

女神

黄小玉二号

小玉七号

金 福

阳 春

华晶 5 号

华晶 3 号

华晶 6 号

秀 丽

4

优质早熟西瓜品种

早佳 (84-24)

京欣 2 号

中科 1 号

红 大

早抗丽佳

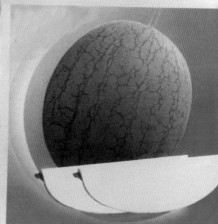

甜妞

平87-14

鲁青7号

6

无籽西瓜优良品种

黑蜜 5 号

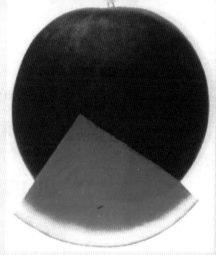

农友新 1 号

雪峰黑马王子

兴科无籽 2 号

雪峰蜜黄无籽

雪峰蜜红无籽

金太阳无籽 1 号

洞庭 1 号

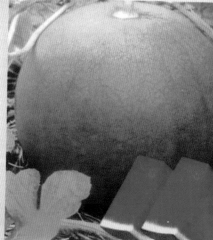

农作物种植技术管理丛书

怎样提高种西瓜效益

编著者

王　坚　孙小武

朱忠厚　刘广善

金盾出版社

内 容 提 要

　　本书由中国农业科学院郑州果树研究所王坚研究员等编著。内容包括：我国西瓜生产概况与发展趋势，西瓜品种的选择，西瓜育苗技术与大田直播技术，西瓜栽培技术，西瓜病虫害防治，西瓜贮藏保鲜，西瓜市场营销与增加瓜农收入的途径等7个部分。作者紧密结合我国西瓜生产的实际，分析了西瓜生产各个环节中观念和技术上的误区，提出了正确的做法和先进的技术，具有较强的针对性和可操作性，对提高西瓜种植效益具有积极指导作用。适合广大瓜农和基层农业技术推广人员阅读。

图书在版编目(CIP)数据

　　怎样提高种西瓜效益/王坚等编著.—北京：金盾出版社，2006.9(2019.5 重印)
　　(农作物种植技术管理丛书)
　　ISBN 978-7-5082-4184-5

　　Ⅰ.①怎…　Ⅱ.①王…　Ⅲ.①西瓜—瓜果园艺　Ⅳ.①S651

　　中国版本图书馆 CIP 数据核字(2006)第 085713 号

金盾出版社出版、总发行
北京市太平路 5 号(地铁万寿路站往南)
邮政编码：100036　电话：68214039　83219215
传真：68276683　网址：www.jdcbs.cn
北京天宇星印刷厂印刷、装订
各地新华书店经销
开本：787×1092 1/32　印张：5.375　彩页：8　字数：113 千字
2019 年 5 月第 1 版第 14 次印刷
印数：82 521～85 520 册　定价：17.00 元
(凡购买金盾出版社的图书，如有缺页、
倒页、脱页者，本社发行部负责调换)

目　　录

一、我国西瓜生产概况与发展趋势

(一)我国西瓜生产概况

1. 种植面积与分布

(1)种植面积 1976 年我国西瓜生产总面积约 30 万公顷,约占世界总面积的 15%,仅次于原苏联,为世界第二种植大国。改革开放以来,前 7~8 年是我国西瓜生产面积增长最快的时期,约增加了 2 倍多,达 100 万公顷;20 世纪 80 年代末我国西瓜的种植面积约占世界总面积的 40%以上,居世界第一,后 15~16 年内总的来看种植面积也有一定增长,但年际之间时增时减,基本稳定在 100 万~130 万公顷,2005 年的面积已占世界总面积的 50%以上。

(2)分布 长期以来,西瓜生产都是露地栽培,西瓜面积主要集中分布在生态条件比较适宜、交通运输又比较方便的全国或各省、区、市的传统老瓜区。其中,华北地区的栽培面积最大,约占全国总面积的 40%以上;其次,长江中下游地区的面积比较大,约占全国的 30%以上,余下的 20%以上的面积则分布在西北、东北、华南、西南等地区。改革开放以后,各地传统老瓜区的西瓜面积均有较大发展。但是,从 20 世纪 90 年代开始,随着市场经济的发展、农业结构的调整以及保护地栽培的大发展,西瓜生产的分布有了一定新的变化,打破了原有的栽培区域界限,各地传统西瓜老产区的露地栽培面积逐渐减少,各大城市郊区和经济发达地区的优质西瓜(京欣1 号、早佳等)与精品小西瓜有了较快发展,效益较高的保护地栽培西瓜各地积极发展迅速扩大,反季节生产的集中高效商品西瓜生产新基地纷纷建立,如海南冬春西瓜生产基地、山东昌乐大棚西瓜生产基地、浙江温岭优质西瓜品牌生产基地等;无籽西瓜生产新基地(如湖北荆州、安徽宿州、河南开封等)和小西瓜集中生产基地(如上海南汇、江苏东台、浙江嘉善等)的建立,为我国西瓜生产的重新布局打下了基础。

2. 生产季节与栽培方式

我国绝大部分地区的西瓜生产季节均为气温由低到高的春播夏收季节。但是,由于纬度高低不同,西瓜的生长季节就由南到北顺次后移。如华南地区一般1～2月份播种育苗,5～6月份采收;中部地区(包括华北地区和长江中下游地区)则于4月份直播或3～4月份育苗,6～7月份采收;而纬度较高、季节较晚的西北、东北地区却于5月份直播,7～8月份才采收;海南南部地区的冬播春收也同属温度由低到高的正季节栽培,1月份直播,4月份采收。全国露地生产的反季节栽培比较少,主要有华南地区的夏播秋收(7～8月播种,11月份采收)和海南南部与云南南部暖热地区的秋播冬收(10月播种,翌年元旦前后采收)。新疆吐鲁番盆地由于低洼暖热、气候特殊,比同纬度地区的播种期可提早1个多月。

从20世纪80年代开始,由于地膜覆盖栽培与保护地栽培的推广发展,使我国西瓜生产格局起了很大变化,冲破了传统的生长季节和栽培区域,使原来不能种西瓜的季节和地区现在都能种,生产季节可以提前或延后,从而大大延长了西瓜成熟上市的时间。目前我国西瓜的栽培方式基本上只有"盖地"与"盖天"两大类。盖地栽培就是地膜覆盖栽培,现在真正完全裸露的露地栽培已经很少了;盖天栽培主要是大、中棚与小棚(包括简易小棚)栽培,温室栽培极少。其种植方式方法,有爬地栽培与立架吊蔓栽培、浇水的灌溉栽培与不浇水的旱地栽培、嫁接栽培与不嫁接自根栽培、一般栽培与海拔较高的丘陵山地栽培、单作栽培与间套作栽培之分。

3. 我国的西瓜品种结构

改革开放以前,我国西瓜品种均为固定品种,而且大部分均为各地传统的地方品种和少量的引进品种。20世纪70年代开始推广杂交一代种,至80年代末普通西瓜的栽培品种基本实现了杂交一代化,其品种结构是以新红宝等大果型中晚熟品种为主,中小果型的早熟品种只占少部分。我国的无籽西瓜从20世纪60年代开始试种,逐步推广发展至80年代,已有较大规模。20世纪90年代开始,随着市场经济的发展和人民生活水平的提高,西瓜品种结构发生了很大变化。外观美、品质优、适于露地早熟栽培和保护地栽培的京欣1号、早佳等优质中果型品种推广发展较快,适于老人、小孩和旅游者需要和用作礼品馈赠的早春红玉、小兰等小果型西瓜品种在东部经济发达地区和大城市郊区近年来迅速扩大;中晚熟的无籽西瓜品种黑蜜2号、农友新1号等加速发展,在露地栽培的西瓜品种中占有重要地位。

4. 我国的西瓜生产模式

随着科学技术的进步与工业生产的发展,世界上一些经济发达国家在发展西瓜生产上,结合本国条件,采用了不同的途径和方法,逐步形成了以美国和日本为代表的两种不同的现代化生产模式。

(1)美国模式 美国国土幅员辽阔,南北气候差别很大,地多人少,劳力缺乏,贮藏与交通运输高度发达。美国的西瓜生产就是在这样的特定条件下,逐步发展成为目前的模式。它属于典型的现代化生态农业模式,具有以下3个特点。

第一，其商品基地安排在生态条件最适最佳地区佛罗里达等南部6个州进行集中生产，其他各州很少种植或根本不种。

第二，生产规模大。一般家庭农场的面积为13～33公顷，企业家经营的农场规模更大，连片瓜田可达数十公顷。除采收外，其他生产过程几乎全部实现机械化操作，并广泛采用各种省力措施，如露地直播技术、推广固定抗病品种、不整枝技术等。一些需要较多劳力的集约栽培技术，如保护地栽培、嫁接栽培、育苗技术、无籽西瓜栽培等很少见有应用。

第三，采后技术发达。西瓜的分级、包装、冷藏、运输的设备先进，技术配套，一般在24小时内即可从产区运到市场。原苏联的西瓜生产模式基本与美国模式相似，但其现代化水平则远不如美国。

(2)日本模式 日本国土狭小，人多地少，具有精耕细作的栽培传统。但其生态条件并不理想，受季风气候影响，有明显雨季，阴雨天多，不是西瓜生产的最适最佳地区。而其经济实力强、工业基础好、能源和交通发达，因此，日本的西瓜生产为规模较小的现代化集约栽培模式，这种模式也具有3个特点：

第一，广泛采用保护地遮雨栽培，有效地控制了降雨过多的危害和影响，从而使西瓜产量高而稳定。

第二，一些比较费工的集约栽培技术，如育苗技术、嫁接技术、严格的整枝留果技术等得到普及应用。

第三，通过利用南北不同气候差别，采用不同的保护地栽培方式，再辅之以现代化的贮藏保鲜技术和运输条件，基本上做到了西瓜商品的周年供应。

目前，我国西瓜生产正在向现代化生产方向发展，其生产模式初具美国模式与日本模式的某些特点。我国华北、西北地区生态条件优越，是种植西瓜的最适最佳地区，西瓜生产以露地栽培为主，基本上属于生态农业模式，但与美国现代化生态模式相比，在现代化水平上尚有较大差距。20世纪80年代，我国东部地区的西瓜大、中、小棚保护地栽培生产发展很快，由于其早熟增益效果显著，因此迅速推广扩大，而成为东部经济发达地区和大城市郊区西瓜的主要栽培方式。这种生产模式与日本现代化集约栽培模式相比，在现代化水平上尚有一定差距。由此可见，当前我国的西瓜生产模式具有自己的特色，兼有美国模式与日本模式的某些特点。今后，我国的西瓜生产必然向更高的现代化水平方向发展。但根据我国国情，不会也不可能向单一的美国模式或单一的日本模式方向发展。生态条件最适最佳地区（如西北地区和华北某些地区）和季节（海南省南部冬春季节）将侧重向美国现代化生态农业模式发展；而淮河以南的多雨地区将学习日本的经验，重点发展保护地遮雨稳产栽培的现代化集约生产模式；经济发达地区与大城市郊区将发展现代化水平较高的保护地栽培方式。

(二)我国西瓜生产存在的问题与发展趋势

1. 西瓜生产发展上存在的问题与发展趋势

(1) 关于发展概念的转变问题　长期以来，在农产品供不应求和人民生活水平尚未达到小康的情况下，扩大面积与提高产量确实可以增加农民收入和满足市场需要，故而把它作为种植业发展的重要指标。但是，现已进入市场经济时期，农产品的产销已基本平衡甚至供大于求，人民生活水平不断提高，在此情况下，单一的商品数量增加已无法代表产业的真实发展。因此，发展观念必需改变，要从数量观念转变为质量观念和效益观念,农民生产讲效益,市场供应讲质量。增加生产效益和提高商品质量已成为当前种植业结构调整中发展农业生产的中心内容;结合行业实际,今后西瓜业的发展应该主要包括提高瓜农收入、改进商品瓜质量以及科学合理调整生产布局,以充分发挥区域比较优势三个方面的内容。

(2) 关于西瓜生产发展的稳定性问题

一是西瓜生产面积的稳定。西瓜是鲜食农产品,它不像粮、棉、油作物那样可以长年贮存供几年用,因此,必需严格按照"以销定产"来确定种植面积,否则种多了就会出现供大于求和瓜贱伤农。20世纪90年代以来,随着经济的发展和市场经济的不断发育成熟和稳定,全国的西瓜种植总面积基本保持在100万～133万公顷。在目前情况下,各个地方和各生产者除特殊情况外一般西瓜生产应保持基本稳定,切忌盲目扩大,避免大起大落;西瓜生产的发展应重点转向商品瓜质量的改进和种瓜效益的提高。

二是西瓜产量水平的稳定。当前我国各地种植西瓜的产量水平差别很大,这种差别主要来源于不同地区(生态条件优劣之差)之间、不同年际(降水多少影响)之间以及不同生产者(栽培技术水平高低之差)之间的差别。消除这种差别的主要措施有三条:①加强对威胁西瓜生产较大的病虫害防治;②南方多雨地区提倡借鉴日本经验,推广发展塑料薄膜覆盖保护地遮雨栽培技术;③推广各地制定的切实有效的模式化规范栽培技术。

(3) 西瓜种植分布上的科学合理性问题　农作物对不同生态条件的适应性不一,因此,它的主要生产特点是栽培的区域性。对于种植业的合理布局,过去曾有"因地制宜,适当集中"的提法,现在又提出了要"发挥区域比较优势",二者基本同义。

改革开放前,我国的西瓜生产均为露地栽培,属较低水平上的生态型栽培模式。20世纪80年代以后,保护地栽培发展很快,并取得了显著的经济效益和社会效益。由于保护地栽培不受生态条件局限,因此,我国西瓜生产的合理布局,应兼顾到露地栽培与保护地栽培两个方面。从长远发展来看,我国西瓜生产的总体布局应以露地栽培为主、保护地栽培为辅;露地栽培应贯彻"因地制宜适当集中"的方针,重点推进最适最佳地区(华北地区与长江中下游地区)和最适最佳季节(海南南部冬春季节)的露地西瓜生产;西北地区虽然是西瓜生产的最适地带,但是该地区生长季节晚、成熟上市迟,地处边远、远离市场,因此生产发展受到一定限制。保护地栽培的发展前景十分看好,但也不宜盲目扩大,各大城市和经济发达地区为了提早延后和延长供应期,可以有计划地发展保护地生产,但是各地盛夏季节西瓜大量上市供应仍应以确保露地商品瓜为主体。

(4) 西瓜生产的规模问题 我国西瓜生产长期以来都是一家一户的个体小生产,一般每家种上2 000～3 000平方米,人少地多地区最多也只是种植1公顷左右,生产规模很小。但是,随着现代化生产技术的推进、市场经济的发展以及产业化发展需要,个体小生产已完全不适应生产的需要。从20世纪90年代开始,各地纷纷出现了专业大户的高效益规模生产(如浙江温岭的麒麟牌西瓜中棚规模生产、海南嫁接无籽西瓜露地规模生产、江苏东台大棚西瓜规模生产等)、公司加农户的订单规模经营以及西瓜专业协会组织的规模生产,一般其生产规模都在6公顷以上,大者可达10多公顷,均显示出了它在各个方面的优越性。这是当前各地西瓜生产发展的大势所趋。

(5)西瓜生产的产业化发展问题 过去,种瓜只管生产不管销售。但是,随着市场经济发展的需要,只有实现产前、产中、产后有机联系的一条龙产业化生产才有开发前景。目前,各地正在加速这个产业化发展进程。

2. 西瓜生产栽培技术上存在的问题与发展趋势

(1)品种上存在的问题 目前,国内西瓜生产上的栽培品种,普遍存在有多、杂、乱的现象,主要表现在市场上销售的类型、品种、数量之多使生产者尤其是使新瓜农眼花缭乱,不知如何选购为好;品种上经常出现以次充好,以假乱真,良莠难分;种子销售渠道无序,什么单位什么品种都可以开发经销。这些问题需要靠各级种子管理部门加强管理才能解决。但是,对于生产者来说,应该抓好以下三项工作:一是要掌握当前国内和当地有关西瓜品种和种子的信息;二是要根据产销需要选准品种;三是找准可靠的供种单位。

(2)实施栽培技术规范化问题 国际市场上的瓜果商品,早已实现了标准化,西瓜商品的外观、大小、成熟度、品质均完全一致,市场销售都是论个卖而不是论重量卖。为了实现商品标准化,其生产栽培过程必需实现规范化。但是,目前各地的个体生产,栽培技术水平千差万别,无法求得商品统一。因此,随着市场经济发展对市场商品标准化的要求越来越严格,各地应及早结合当地实际制定出切实可行的栽培技术规程,首先在专业大户或有组织的规模生产上应用。

(3)栽培新技术的推广问题 为了适应逐步实现农业现代化生产发展的需要,西瓜生产也应不断推广新技术,以提高其现代化生产水平。

① 大力推广测土配方施肥技术 西瓜栽培上的施肥技

术十分重要,它与西瓜的产量和品质直接相关。各地瓜农都很重视西瓜的施肥,但普遍存在有施肥不够科学的问题,如施肥种类、施肥数量不科学,盲目施肥而造成不必要的浪费,不能做到根据地力不同进行合理施肥等。国内外的生产实践证明,测土配方施肥是现代化西瓜生产最科学和最有效的施肥技术,应大力提倡和推广。各地可根据西瓜不同品种和不同生育阶段的需要,正确测定瓜地肥力情况后制定出科学施肥配方,进行合理施肥,以达到经济高效的目的。

② 积极普及滴灌技术 西瓜的行距大,其根系对土壤的通透性要求高,非常适用滴灌技术。滴灌可以大量节水,而且还有改进品质、增加产量和减轻病害的效果。有条件的地方可以率先推广滴灌技术,以逐步代替地上沟灌、明浇,杜绝大水漫灌。北方干旱多灌地区、水源不足地区以及保护地栽培上应加速推广这项技术,以充分发挥其效应。

③ 加速推广工厂化穴盘育苗 培育壮苗是优质丰产的基础,也是逐步实现现代化规范化栽培的第一步。穴盘育苗为不伤根育苗,同时由于营养管理等可控条件好,培育的幼苗素质高,而且此项技术投资不大,难度也不大,易于推广。西瓜嫁接栽培已成为今后发展的必然趋向,因此,此项技术首先应在普及推广西瓜嫁接栽培的地区进行,无籽西瓜栽培地区也可广泛应用,部分直播栽培地区亦可改用穴盘苗栽培方式。各大西瓜种苗公司可扶植其代办处、经销点,创造条件试行由卖种子改为卖苗子,这样既可促进生产水平的提高,又可增加公司的效益。此项技术可以先在城市郊区、经济发达地区和有基础的西瓜集中产区率先试用,然后再逐步推广。

④ 提倡推广黑色或银黑双色宽幅地膜覆盖 用黑色或银黑双色宽幅地膜逐步代替透明膜窄幅地膜覆盖。黑色和银

黑双色地膜已在美国、日本以及我国台湾省的西瓜生产上广泛应用,它不仅具有增温保墒效果,而且还有防草、避蚜的作用,膜下温度又比较稳定,有条件的地方应积极试行推广。

(4)改进传统栽培技术

① 合理稀植　长期以来,西瓜与其他农作物一样,一直沿用合理密植的增产措施。为了改进商品瓜质量、提高商品瓜率,今后应借鉴国外经验,采取合理稀植措施,以促进植株营养体的充分发育,确保果实硕大和优质。

② 科学整枝、定位坐果　不整枝和重整枝均对植株生长和果实发育不利。西瓜为连续开花坐果作物,若任其自然坐果,则其成熟果实大小不一、质量悬殊、商品率低,不适应市场经济发展的需要,因此,应提倡科学的合理整枝、轻度整枝和定位坐果,以确保果实质量和提高商品率。

③ 提倡因地制宜地单作或合理间套作　凡是人少地多的地区和实行规模化的生产单位,为了适应现代化生产发展的需要,应提倡单作栽培;反之,人多地少地区和个体小生产者以及在粮、棉、油重点农区,宜推行西瓜合理间套作技术,以充分发挥其劳力优势,在提高西瓜单位面积产量的同时,确保当地粮、棉、油的重点发展,力争瓜粮双丰收。

④ 病虫害防治和无公害栽培　西瓜病虫害防治工作应改变单纯依靠化学防治的偏向,认真贯彻以防为主和加强综合防治的方针,严禁使用高毒高残留农药,合理使用低毒低残留农药,提倡病虫害的综合防治、农业防治、生物防治、推广嫁接技术和抗病抗虫品种。同时要积极推广无公害施肥技术,其中主要包括增施有机肥,合理使用化肥,不偏施氮肥,推广使用无公害西瓜专用复合肥,粪肥必须经过充分腐熟处理后再施用,提倡施用微生物肥料、生物有机肥料和腐殖酸肥料等。

二、西瓜品种的选择

(一)西瓜品种选择与购种上的误区

在农业结构调整中,确定要发展西瓜生产后,首先碰到的问题是应该怎样选择好品种和购置好种子。但是,各地瓜农尤其是青年新农民,此时经常会出现以下一些误区。

1. 盲目引种

不少新瓜农在选择品种时常易走入盲目引种误区。他们往往只凭科普小册子或瓜菜刊物上的广告宣传内容就立即联系引种购种后直接用于生产,一个从未种过的新品种,未经试种、观察、验证是不宜急于直接用于生产的,否则极易造成失误,而引进一些不适宜栽培或不适宜销售的品种,导致种植失败和经济损失。因此,推广新品种前应先向当地有关单位(科研部门、种子公司等)询问有关情况或自己少量试种观察1~2年后才可决定是否可以正式投入生产,这样做比较完全可靠,可以减少盲目性,风险也小。

2. 热衷于片面追求瓜个大、产量高的品种

一般来说,瓜果大、产量高的品种是一个好品种,但是,在市场经济条件下,一个高产品种不一定是高效品种,而比较效应高的品种常常是附加值高的品种。如有些品种的品质特优或它的商品具有优越的高新特色(如外观艳丽、无籽性好、果型特小等),虽然它的单产不太高,但是它的价值高、效益好。而农民种瓜的目的是为了增加经济收入,所以,在选择品种时应把比较效益高的品种放在首选地位。

3. 推广品种太多,难以决断

繁杂的品种使不少瓜农看了眼花缭乱,无所适从,不知应该选用哪个品种为好,只好采用随大流的办法,别人种什么品种就跟着种什么品种,这种方法看似安全稳妥,适于种瓜经验不足或新瓜农在生产初期采用。但是,它的种植效益往往不是太高,这在当地市场竞争比较激烈的情况下尤为明显;而种植新、特、优品种的效益常常远高于种植大路品种的效益。市场竞争的一般规律是"物以稀为贵,物以优为贵"。

4. 眼光短浅,因小失大

个别瓜农在购买西瓜种子时常陷入贪小失大的误区,他们不问品种优劣和种子质量好坏,哪个品种便宜就买哪个品种,这是经济比较落后地区和经济条件比较差的农民常会犯的毛病。俗话说:"便宜无好货,好货不便宜"。市场经济下的商品价值常与商品质量直接相关,品种好、种子质量高的种子价格就比较贵。实践证明,种植种子质量好的品种,可取得的经济效益往往远远超过购种时多花的钱。所以,凡是有远见的种瓜专业大户,常常舍得花大价钱购置优良品种的优质种子,甚至购买价格十分昂贵的进口种子,因为经济上划算,最终效益高。

(二)我国西瓜品种的实用分类

20世纪70年代以来国内育成的一些品种,尤其是杂交一代种,绝大部分是利用不同生态型品种间杂交育成的,如新澄、金花宝、丰收2号等是东亚生态型品种与美国生态型品种间的杂交种;郑杂5号、郑杂9号等,是华北生态型品种与美国生态型品种的杂交种;红优2号,是西北生态型品种与美国生态型品种的杂交种。这种不同生态型品种间的杂交种,一般都具有适应范围较广的优点。

西瓜品种丰富多样,分布范围广,在不同的生态条件下形成了不同生态类型。不同的品种有不同的适应性。有的品种适应范围很广,南北各地都可以种植;而有的品种却只适于在局部地区栽培。根据各个品种的不同来源以及它们在不同栽培区域的生长表现,我国历来的西瓜栽培品种可分为华北、西北、东亚、美国4个生态类型。

我国在生产上使用过和正在应用的西瓜栽培品种有300多个;其中100多个为传统地方品种,已先后被淘汰。20世纪60年代开始从国外引进和国内自育的固定品种有50多个,这些品种目前已基本不再使用;而70年代以来育成和推广的杂交一代种与无籽西瓜品种有200多个,其中目前正在应用的有100多个,而各育种开发单位推出的则更多,据不完全统计,多达400个以上。为了便于瓜农识别和选择,我们从实用角度出发,以品种的熟性与果型大小两大关键性状为主线,把这些品种分为特早熟小果型、中早熟中果型、中晚熟大果型以及无籽西瓜4个大类型;然后,再把每个大类型按不同商品外观分成若干类品种。

1. 特早熟小果型品种

这个类型品种的主要特点是果型小、成熟早、皮薄、品质优良、单株结果多。根据商品外观不同,此类型品种又分为以下5类品种:

(1)早春红玉类品种 主要特点是果实椭圆形,花皮,红瓤。其推广品种除日本米加多公司的早春红玉和那比特外,还有合肥华夏西甜瓜研究所的春光、洛阳市精品水果研究所的华晶5号、合肥丰乐种业公司的小天使、中国农业科学院郑州果树研究所的金玉玲珑3号、湖南省瓜类研究所的雪峰小玉 9 号、安徽省园艺研究所的秀丽、甘肃河西瓜菜研究所的亚虎、北京蔬菜研究中心的京秀以及韩国的万福来、日本的丽春等。

(2) 特小凤类品种　主要特点是黄瓤,果实圆形,花皮。其推广品种除台湾农友种苗有限公司的特小凤和小兰外,还有中国农业科学院郑州果树研究所的金玉玲珑 2 号、南湘种苗公司的黄小玉和雪峰小玉 7 号、合肥华夏西甜瓜研究所的阳春、洛阳市精品水果研究所的华晶 6 号、安徽省园艺所的秀雅、合肥丰乐种业公司的春兰、北京蔬菜研究中心的京阑等。

(3) 红小玉类品种　主要特点是果实圆形,花皮,红瓤。其推广品种除南湘公司的红小玉外,还有安徽省园艺研究所的秀美、北京蔬菜研究中心的京玲等。

(4) 黑美人类品种　主要特点是墨绿皮,果实椭圆形,大红瓤,果型稍大,皮韧,极耐贮运。其推广品种除台湾农友种苗有限公司的黑美人外,还有广西园艺研究所的黑公子、海南农优公司的女神、海南文昌创利公司的创利琼州黑美人、中国农业科学院郑州果树研究所的金玉玲珑 4 号、合肥江淮园艺研究所的夏阳、合肥绿宝公司的绿宝黑美人、河南农大豫艺种业的豫艺黑美人等。

(5) 黄皮类品种　主要特点是黄皮,瓤色有红、黄二种,果形以圆形或高圆形的为多,亦有少量椭圆形品种。其推广品种有中国农科院蔬菜花卉所的金冠 1 号,湖南省瓜类研究所的金福,台湾农友种苗有限公司的宝冠,中国农业科学院郑州果树研究所的金玉玲珑 5 号,洛阳市精品水果研究所的华晶 3 号等。

以上前三类品种皮脆易裂,适于大棚等保护地内种植,目前在上海、江苏、浙江、山东等地已进行大面积推广,其他城市郊区正在推广中。第四类品种可以露地栽培,目前海南、广西、广东等地已进行大面积推广。第五类品种仅在部分城市郊区少量种植。

2. 优质中早熟中果型品种

这种类型品种的主要特点是果实大小适中,品质较优,适于城市小家庭消费。根据不同的商品外观,虽然这类品种也可以分成若干类品种,但是其中 80%～90% 均属于京欣 1 号—早佳类品种。这类品种的突出特点是外观美,果实圆形或高圆形,齿条花皮,果皮光滑,果实圆整度好,品质特优,果实大小适中,与日本传统流行品种相似,是北方京、津地区一统天下的主栽品种(京欣 1 号),也是沪、浙、苏一带的主栽品种(早佳)。京欣 1 号—早佳类品种是目前西瓜各个类型中品种数量最多的一个类型,各地育种单位均育成了各自的品种。除北京蔬菜研究中心的京欣 1 号、京欣 2 号与新疆维吾尔自治区农业科学院园艺研究所的早佳(新优 3 号)品种外,主要还有湖南省瓜类研究所的红大、红都,合肥丰乐种业公司的早抗丽佳,河北省蔬菜种苗中心的美抗 9 号,中国农业科学院郑州果树研究所的中科 1 号,大庆市庆农西瓜研究所的庆发特早红,浙江省平湖西瓜豆类研究所的平 84-17,甘肃河西瓜菜研究所的美丽,济南鲁青园艺研究所的鲁青 7 号,河南省开封市农业科学研究所的开杂 11 号等。至于其他郑杂 5 号类、黄皮类、黄瓤类、黑皮类品种的数量较少,面积不大,只在局部地区推广。其推广品种有合肥丰乐种业公司的甜妞(绿皮黄瓤),丰乐 8 号(黄皮红瓤),中国农业科学院蔬菜花卉研究所的金帅 2 号(黄皮黄红瓤),新疆维吾尔自治区农业科学院园艺研究所的晶迪(花皮黄瓤),合肥华夏西甜瓜研究所的黄晶(花皮黄瓤),济南市鲁青园艺研究所的鲁青 9 号(花皮黄瓤),

天津市蔬菜研究所的金冠(黄皮红瓤),中国农业科学院郑州果树研究所郑抗3号(花皮红瓤椭圆果),新疆维吾尔自治区农业科学院园艺研究所的黑珍珠(黑皮红瓤)等。

3. 中晚熟大果型品种

这个类型品种的主要特点是果型大、成熟晚、丰产、耐贮运,绝大部分均为适于长途外运的椭圆形果实。根据商品外观不同,目前各地生产上推广应用的主栽品种主要有西农8号类(即金钟冠龙类)、丰收2号类和聚宝1号类(即新红宝类)等三类品种;还有其他类的品种比较少,栽培面积小。

(1)西农8号类品种 主要特点为齿条花皮椭圆形果,外观美,品质优,红瓤,是目前大果型品种中分布最广、栽培面积最大的品种。其推广品种除西北农大的西农8号外,还有合肥华夏西瓜甜瓜研究所的华蜜8号与华萃9号,陕西省蔬菜花卉研究所的陕农9号与红冠龙,中国农业科学院郑州果树研究所的郑抗4号与郑抗1号,天津市蔬菜研究所的西农10号与津抗3号,湖南省瓜类研究所的西农9号,新疆生产兵团222团的新优2号,合肥丰乐种业公司的丰乐冠龙、聚宝3号、丰乐旭龙,新疆农六师农业科学研究所的新优6号,河北省蔬菜种苗中心的美抗8号,山西省运城市种子公司的抗病早冠龙,黑龙江省大庆市庆农西瓜研究所的庆农5号,开封市农业科学研究所的开杂8号,齐齐哈尔市园艺研究所的齐露,甘肃河西瓜菜研究所的高抗冠龙等。

(2)丰收2号类品种 主要特点是墨绿皮(黑皮)、椭圆形,耐贮运性强,为目前我国局部地区(河南开封地区、山东菏泽东明地区以及天津近郊地区)的大果型第一主栽品种。其推广品种除中国农业科学院品种资源研究所的丰收2号与丰收3号外,还有开封市农业科学研究所的开杂5号、开杂12

号与开杂 15 号,合肥丰乐种业公司的皖杂 1 号,大庆市庆农西瓜研究所的庆发黑马,中国农业科学院郑州果树研究所的郑抗 8 号,河南农业大学园艺技术公司的抗病墨玉、抗病墨玉2 号、豫艺 2000,台湾的墨宝,天津市蔬菜研究所的抗病黑旋风,合肥华夏西瓜甜瓜研究所的华萃 6 号等。

(3)聚宝 1 号类品种 主要特点为绿皮,椭圆形,果型大,丰产,耐贮运,抗病性较强,为 20 世纪 70~80 年代栽培面积最大的大果型品种。目前,因受西农 8 号类品种的扩大影响而逐渐减少,但在东北地区和华北部分地区仍占主导地位。其推广品种除原合肥市西瓜研究所的聚宝 1 号外,还有合肥丰乐种业公司的丰乐新红宝,大庆市庆农西瓜研究所的庆红宝与庆农 2 号,中国农业科学院郑州果树研究所的少籽巨宝与郑抗 2 号,黑龙江省农业科学院园艺研究所的龙雪,齐齐哈尔市园艺研究所的齐红与齐红 2 号,开封市农林科学研究所的开杂 2 号与开杂 9 号,合肥华夏西瓜甜瓜研究所的聚宝新1 号等。

其他类的品种主要还有宽条带、椭圆形大果类品种,但其品种较少,仅在个别地区种植。其推广品种有齐齐哈尔市园艺研究所的齐抗 1 号,合肥丰乐种业公司的丰乐 5 号,新疆生产兵团 222 团的新优 16 号等。

4. 无籽西瓜品种

这类品种的最大特点是果实的无籽性。根据商品外观的不同,大体可以分成黑皮类、花皮类、小果型类以及其他类等4 类品种。

(1)黑皮类品种 这类品种绝大部分为黑皮圆形或黑皮高圆形红瓤品种,椭圆形果品种很少。这是我国华北地区与长江中下游地区无籽西瓜主产区目前的主导品种,栽培面积大,品种多。其推广品种主要有中国农业科学院郑州果树研究所的黑蜜2号、黑蜜5号、蜜枚1号外,还有湖南省瓜类研究所的雪峰大玉无籽5号、雪峰黑牛、雪峰黑马王子,广西园艺研究所的广西2号、广西3号、广西5号,湖南省岳阳市农业科学研究所的洞庭1号,北京北农西瓜甜瓜育种中心的暑宝,合肥丰乐种业公司的丰乐无籽3号,天津市蔬菜研究所的津蜜2号,开封市农林科学研究所的菊城无籽1号,河南农业大学园艺技术公司的豫艺甘甜,安徽省无籽西瓜研究所的兴科无籽2号与兴科无籽3号等。

(2)花皮类品种　这类品种可分为齿条花皮和宽条花皮两类,均为圆形或高圆形红瓤品种,其中除部分品种在部分地区(农友新1号在海南等华南地区,雪峰系列花皮无籽在长江中游地区)进行较大面积推广外,其他品种只是在局部地区推广。其推广品种主要有湖南省瓜类研究所的雪峰花皮无籽(宽条花皮)、蜜红无籽与蜜都无籽,中国农业科学院郑州果树研究所的郑抗无籽1号(短椭圆形果)、郑抗无籽3号,合肥丰乐种业公司的丰乐无籽1号、丰乐无籽3号,台湾农友种苗有限公司的农友新1号(暗绿皮上覆有青黑色条带)。

此外,同类品种还有北京市北农西瓜甜瓜育种中心的花蜜,天津市蔬菜研究所的津蜜1号,新疆八一农学院的翠宝3号,新疆维吾尔自治区农业科学院园艺研究所与深圳市农业科学研究所合作育成的深新1号,湖南省岳阳市农业科学研究所的洞庭2号,济南市鲁青园艺研究所的鲁青1号B与鲁青1号A,合肥华夏西瓜甜瓜研究所的华萃无籽1号,北京市蔬菜研究中心的无籽京欣1号,安徽省无籽西瓜研究所的兴科无籽4号与兴科无籽6号,浙江省平湖市西瓜豆类研究所的卫星无籽等。此外,商品外观与农友新一号相似的有海南文昌创利公司的创利1号和海南三亚农优种苗研究所的农优新1号等。

(3)小果型类品种 这类品种是近年来育出的新型品种，品种数量少，均处在试种示范阶段，但其开发前景十分看好。推广品种有湖南省瓜类研究所的雪峰小玉红无籽、雪峰小玉黄无籽(高圆果、花皮、红瓤)、雪峰金福无籽，洛阳市精品水果研究所的华晶7号(圆果、花皮、红瓤)、华晶8号、华晶11号等。

(4)其他类品种 包括黄皮无籽、黄瓤无籽，这类品种数量少，在个别地区只作为搭配品种进行少量种植。

推广品种有中国农业科学院郑州果树研究所的黄宝石(黑皮黄瓤)与金太阳(花皮黄瓤)，湖南省瓜类研究所的雪峰蜜黄无籽(花皮黄瓤)，湖南岳阳市农业科学研究所的洞庭3号(黑皮黄瓤)、洞庭4号(黄皮红瓤)、洞庭6号(花皮黄瓤)与洞庭8号(黄皮黄瓤)，中国农业科学院蔬菜花卉研究所的金蜜1号，合肥丰乐种业公司的黄玫瑰，河南省洛阳市农兴瓜果公司的华晶1号、华晶2号与华晶4号，安徽省无籽西瓜研究所的金晖无籽1号与金宝无籽1号等。

(三)怎样选择西瓜品种和购买种子

1.怎样选择西瓜品种
(1)品种的选择依据

① 栽培的适应性 西瓜与其他农作物一样，在全国均有不同的栽培区域，不同生态类型品种在不同栽培区内的适应性表现不一，有些品种的适应性很广，几乎全国各地都可种植；而另一些品种的适应性就很窄，只能局限于在某一特定栽培区内种植。一般来说，在露地栽培时必须选用生态类型对

口品种。南方多湿地区,应选用耐湿性强的东亚生态型品种;华北、东北地区可选用华北生态型和东亚生态型品种,但不宜选用西北生态型品种;西北地区虽然各生态型品种均可种植,但应首选西北生态型品种。目前推广应用的杂交一代种,大部分都是各种生态型品种间的杂交种。选用这类品种时,必须注意以下3点:一是要经过试种观察鉴定,认可后才能应用,切勿盲目引种。二是该杂交种必需有一个亲本是当地的适宜生态型品种,如南方地区必需是有一个东亚生态型品种做亲本的杂交种,新疆、甘肃地区必需有一个西北生态型品种做亲本的杂交种。三是应选当地或同生态栽培区选育的品种。

② **市场的适销性** 西瓜的商品性很强,为了能把生产出来的商品瓜及时销售出去,并获得较好的经济效益,掌握市场信息和品种的适销性十分重要。应根据市场的不同需求来挑选适销对路品种。首先,由于各地对商品瓜的大小、皮色、瓤色、瓤质的消费习惯不同,要选准对路品种。其次,应根据市场的远近选用适宜品种,当地销售的,应选择优质、高糖、皮薄的品种,如京欣1号、早佳等;需要长途运输的外销商品瓜,应选择果型较大、瓤质致密较硬、耐运性强的品种,如丰收2号等。大城市、经济发达地区,应重点选择优质中果型品种及少量特需品种,如小果型品种、特优黄瓤品种和黄皮等礼品用品种。

(2)品种的选择方法与标准 除了考虑上述的栽培适应性外,还应考虑根据不同的栽培目的、用途和不同栽培方式而定。如一般早熟栽培应选用早熟、较丰产的品种;冬春特早熟保护地栽培应选用耐低温、耐弱光的专用品种;秋季大棚栽培宜选用耐高温的抗病品种;一般露地栽培宜选用果型较大的中晚熟丰产品种；夏秋栽培和山地晚熟栽培应选大型晚熟耐热抗病品种等。

无籽西瓜的耐湿抗病性较强、熟性迟，因此，南北各地中晚熟栽培上均可选用，对于南方阴雨高湿气候更为适用，而保护地栽培上一般很少选用。大城市郊区、经济发达地区与旅游点附近应选用优质高档品种。目前各地大(中)棚栽培多选用京欣—早佳类优质品种和袖珍小西瓜品种。不同销售地区选用的品种也不一样。就近销售的，对品种的耐运性要求不高，应主要选用中、小型优质品种；而长途运输的则必需选用耐运性较强的大果型黑皮类品种和无籽西瓜品种；供城市一般小家庭用的，以优质中小型品种为好；供市场切片零售或宾馆餐后切块、切片或榨汁用的品种，以选用大果型红瓤品种较为理想。

另外，对一个城市或地区来说，在发展西瓜生产时，对品种的选择，除了考虑前述的市场适销性和栽培的适应性外，还应考虑如何进行早、中、晚熟品种以及其他各类品种的合理搭配、比例和布局。在考虑实现商品西瓜多样化时，应通过比较，选定几个主栽品种。在集中的商品西瓜产区，要逐步形成具有特色的名牌品种，以利于占领市场。

2. 怎样购买西瓜种子

选定最适最佳品种后，就是如何购买优质种子了，因为优质种子是发挥新品种优良特性和提高效益的保证。所以，只有优良品种而没有优质种子是不行的。

购置优质种子，要注意以下事项：一是要掌握引种成功品种的有关信息，即该品种是哪个单位育成的？有哪几个单位生产该品种种子？该品种的同类品种有哪几个单位有？使购种者有选择的余地。二是通过比较，选定向哪个单位购种。

单位的选择主要是考虑单位的可靠性,一般首先选择的应是该品种的育种单位,其次是信誉好、实力强、售后服务好的生产该品种的种子公司和企业单位。信誉好是说明以前销售的种子可靠性强;实力强是表明一旦发生种子质量纠纷时,有经济赔偿能力;售后服务好,有利于新品种的成功种植,减少种子质量纠纷的发生。对串村串户的种子小商贩和实力小的种子商,购种时要慎重,切忌贪图价格低,要注重种子质量、重视信誉、重视售后服务。三是购种时,对种子要抽样检查,观察种子的外表、大小、色泽和净度;购种数量较多的,买卖双方共同合作抽样测定种子发芽率和含水量。无籽西瓜的发芽率低,差异大,因此必须做发芽试验后再确定是否购买。四是购种时,应查看种子产销单位的有关证件,如种子生产许可证,种子质量合格证,已定为主要作物省、市的西瓜推广品种的审定认定证、工商营业执照、植物检疫证等。五是种子购买成交后,每个品种应由买卖双方共同取样保存,以备发生种子质量纠纷复查时用。

三、西瓜育苗技术与大田直播技术

西瓜栽培可采用大田直播和育苗移植两种方法。直播根系发达,入土深,抗旱力强,但生育期晚,出苗不够整齐,管理困难。育苗移植可提前在保温条件下培育壮苗,当气温适宜时定植于田间,达到 1 次齐苗。由于提前生育,可提早坐果,充分利用生长季节。南方育苗可减轻梅雨影响,减少炭疽病的发生。北方育苗则可在雨季前结束采收。实践证明,育苗移植是各地西瓜早熟、丰产、稳产的关键措施之一。

目前除了北方地区露地中晚熟栽培仍然采用大田直播技术外,其他几乎均采用育苗技术。其中,南方地区早已全部采用育苗技术;北方地区随着早熟栽培、保护地栽培、嫁接栽培以及无籽西瓜的扩大发展,育苗技术得到了广泛应用。因此,育苗是我国当前西瓜生产上的主要苗期技术。本书对此将作重点介绍。

(一)西瓜育苗技术

1. 育苗技术误区

在西瓜育苗技术上的认识误区主要有以下几个方面。

一是早春低温时期育苗,不少瓜农为了促进幼苗生长,在苗床管理上常采用提高床温的办法,不放风或少放风,保温覆盖物晚揭早盖,从而导致床温偏高而引起幼苗徒长,或因苗床夜温偏高,影响幼苗花芽分化,造成雌花出现晚而达不到早熟目标;或因苗床浇水后遇到低温寒潮,不敢放风、通气,由于低温高湿引起猝倒病发生。以上误区在各地育苗时发生比较普遍,值得很好重视。

二是育苗营养土配制不当。或因氮化肥过多而造成烧苗;或因氮、磷、钾配比不当,磷、钾不足而幼苗不壮;或因有机粪肥未经充分发酵而引起地蛆为害。

三是对于炼苗的误区。经验不足的瓜农为了促进幼苗生长,在苗床内常施肥浇水过多过大,定植前又不重视低温锻炼、蹲苗,这样育出来的幼苗虽叶片肥大嫩绿,貌似壮大,但经不起定植后不良天气条件(低温、风雨)考验。

2. 一般育苗技术

(1)育苗方式 根据需要,可培育子叶苗、具有1～2片真叶的小苗和具有3～4片真叶的大苗。

子叶苗:培育苗龄为5～7天、子叶平展的幼苗。标准是:子叶充分开展,下胚轴粗短,根系完整。由于根系范围还小,移植容易成活,不必带土护根,但移栽技术性强。

小苗:培育苗龄15～20天,具有1～2片真叶的小苗。因根系范围已增大,需用口径5～6厘米的容器来育苗,以保护根系。它的特点是,幼苗发育早,带土移植,提早进入生育期;育苗设备简单,成本低,技术容易掌握。

大苗:培育苗龄为30～35天、具有3～4片真叶的大苗。其特点是,在保温条件下提前育苗,是早熟栽培的重要一环;保护根系的容器口径8～10厘米,需要较完善的保温苗床,技术性较强。熟性不同的品种有所差异,早熟品种苗龄应短些,中晚熟品种苗龄可适当长些。

由于育苗方式不同,播种期也不同,苗龄愈长,播种期愈要相应提前。育大苗的播种期,应在当地露地直播前30～35天;育小苗应提前20～25天;育子叶苗,应提前7～10天。当前大面积栽培以推广小苗带土移植为宜。

(2)苗床的设置 苗床应选择避风向阳,排水良好,近年没有种过瓜类作物且接近大田的地块。苗床周围或北侧设风障,以挡风保温。苗床的方向,拱形棚以南北向为宜,这样可使受光均匀;单斜面苗床,以东西向为好,斜面向南,以利于提高保温性能。苗床的种类有冷床、酿热温床(图1)、电热温床等。北方保护地栽培发达地区,可利用日光温室或加温温室育苗。

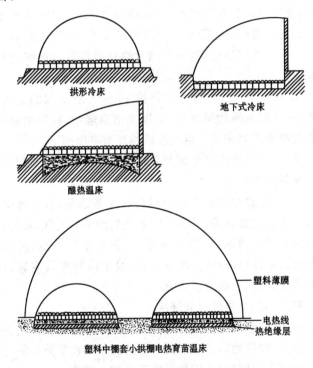

拱形冷床

地下式冷床

酿热温床

塑料薄膜

电热线
热绝缘层

塑料中棚套小拱棚电热育苗温床

图1 西瓜育苗床的主要形式示意图

① 冷床(阳畦) 利用透明覆盖物,白天透光增温,夜间

· 25 ·

覆盖草帘保温。冷床的形式有拱形和单面式两种。拱形冷床宽 1.2～1.3 米,高 60～70 厘米,长 6～7 米,可用毛竹片或细竹竿做拱架,覆盖 2 米宽的农用薄膜;一面用泥封严,另一面用砖块压实,可随时移动,以利于通风;拱架要牢固,高度一致,雨后顶棚不积水,拱架间的距离为 60～100 厘米。单面式冷床宽 1.2～1.3 米,北面筑土墙、高约 60 厘米,两侧筑向南倾斜的泥墙,床面覆盖玻璃框架,或间隔 1 米左右架小竹竿 1 根,覆盖薄膜。北方气温低,冷床可筑地下式,并在后侧架设风障保温。冷床只利用太阳辐射提高床温,温度偏低,在 3 月中下旬后才能开始使用,可以满足露地栽培育苗所需的温度条件。

② 酿热温床　在冷床底部挖 12～15 厘米深的土坑,垫装 10～12 厘米厚的鲜厩肥、垃圾及枯草落叶,利用生物酿热释放的热能提高床温。填装酿热物注意事项如下。

第一,必须采用新鲜未经分解的厩肥及其他有机质,不能使用腐烂过的材料。

第二,酿热物应分 2～3 层填入,松紧适度,水分适中,并增加一定的氮素营养,具备适宜微生物活动的空气、水分和营养条件。踏得过松,发热时间短,过紧则空气不足,发热慢。酿热物的湿度以 60%～70% 为宜,过干应补充人粪尿,补充时应底层少浇,上层适当多浇。

第三,粪、草要混合分层填入。

第四,酿热物上铺 3～5 厘米厚的园土,然后排放营养钵。

第五,酿热物填入后需要一定的时间才能发热。因此,应在使用前 1 周铺好,待发热下陷后再铺土使用。

③ 电热温床　先挖掘宽 120 厘米、深 20 厘米、长视育苗数量而定的床穴,底部要平整。地下水位高的地区,可先铺一

层薄膜,以防地下水上升影响土温,其上铺10～12厘米厚的木屑、砻糠、干草灰作为隔热层。上面再铺3～4厘米厚的细土,踏实后布线(图2)。电热线的功能是额定的,如上海市农

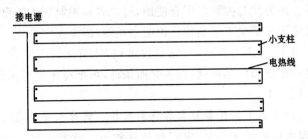

图2 电热线布线平面示意图

业科学院农业机械研究所研制的 DV 系列,长60米,其功率为600瓦;长100米,其功率为800瓦;长120米,其功率为1 000瓦。每平方米苗床需用多大的功率,取决于当地的气候条件及育苗季节。北方一般需80～120瓦,南方需50～70瓦。功率过小,往往达不到所需的温度;功率过大,则不能发挥其效率,而且增加耗电量。

布线间距根据每平方米所需功率和电热线的规格来决定,如3月下旬育苗要求土温达20℃～28℃,每平方米功率为50～70瓦。若用800瓦电热线,布线间距为10～13.5厘米;若用1 000瓦电热线,布线间距为14厘米。为了克服苗床四周温度较低的弊病,边行间距可适当缩小,中间适当放宽,而全床平均间距不变。接线时注意事项如下。

第一,电热线的功率是额定的,使用时不得剪断或联线。

第二,布线不得重叠交叉、结扎,以免通电后短路,如发现绝缘物破裂,要用热胶修补。

第三,将两端引线归于同侧。使用根数较多时,将每根线

的引线首尾分别做好标志。将加热线与引线接头埋入土中。与电源相接时在单向电路中用并联。在三相电路中用线根数为3的倍数。用星型接法,使用电压为220伏,不许改用其他电压。加温线与控温仪配合使用,可以自动控制床土的温度。初次使用可请电工按照使用说明书接线,以免发生意外。

温床、冷床的容积小,保温效果较差,苗床管理困难。为了进一步提高保温性能,改善光照条件,可把冷床或温床设置在大棚当中。

(3)营养土的配制及营养钵的制作 营养土要求疏松、肥沃、保水保肥及无病菌、虫卵和杂草种子。营养土配比,南方地区是园土或稻田表土2/3,腐熟厩肥1/3,每立方米土中加过磷酸钙1千克,腐熟鸡、鸭粪5~10千克;北方用园土50%,腐熟厩肥30%,大粪干20%。鸡粪、过磷酸钙应捣碎过筛,充分拌和后使用,营养土应在使用前1~2个月堆制。

采用容器育苗,可保护西瓜苗的根系。育苗容器有塑料钵、纸钵、草钵、泥钵等。口径5~6厘米的纸钵适合培育1~2片真叶的小苗;口径8~10厘米的塑料钵(筒)适合培育3~4片真叶的大苗。装土时要调好营养土的湿度,以手捏成团、从齐腰高处落地即散为宜。钵底的营养土应捣实,以免松动破碎,上部的则须轻轻镇压,做到上松下紧,以利于幼苗出土。

营养土块育苗,可就地取材,操作简便,省工,成本低,育苗效果好。其方法是:在苗床掘深15厘米的坑,倒入熟土10~12厘米厚,耙平,加约5厘米厚腐熟厩肥,浇适量水,掺和整平,待土面发白时,用菜刀按10厘米×10厘米切块,在中央捣孔填入细土。南方以湿河塘泥制作土块的方法是:在坑底铺砻糠灰,倒入富含有机质的稠塘泥,每平方米面积加腐熟厩肥30千克、过磷酸钙100克,掺匀整平,在表面出现裂缝时切块、搗孔。在棉区,可以用熟土制钵器压制 6～8 厘米见方的营养钵。营养土块育苗,成败的关键在于营养土的配制,要求营养土松紧适度,既可保证根系的生长,又可在移植过程中不破散伤根。

(4)种子处理与播种 种子处理包括种子消毒和浸种催芽,目的是防治病害和促进种子发芽。种子消毒常用如下两种方法:①温汤浸种,以 2 份开水对 1 份凉水,水温为 54℃浸种 30 分钟,边浸边搅动,自然冷却后再浸种 2 小时。②药剂处理。将浸种 2 小时的种子,在甲醛 100 倍液中浸 10 分钟,对预防炭疽病及枯萎病有一定效果;用 10％磷酸钠溶液浸种 20 分钟,可使种子表面附着的病毒失去活力,从而减轻病毒病的发生;用 50％代森铵水剂或 50％多菌灵可湿性粉剂,或 10％抗菌素"401"500 倍液浸种 0.5～1 小时,可防治炭疽病和枯萎病;2％～4％漂白粉溶液浸 30 分钟,可杀死表面附着的细菌。

浸种催芽时间的长短与水温及种皮的厚度有关。种皮厚的大粒种子浸种时间较种皮薄的小粒种子长。一般在常温(播种期多在 10℃～15℃)下浸种 6～8 小时;采用温汤浸种后,只需浸种 2～4 小时;采用 25℃～30℃恒温浸种的,以浸种 2 小时为宜。浸种时间过长、水温过高,因贮藏养分损失,反而影响发芽出苗。

催芽是把浸过的种子搓去表面胶状物质,洗净沥去水分,用湿沙、锯木屑拌匀,或用湿纱布、草包包裹,置 30℃条件下催芽。温度过高,容易裂壳,影响胚的萌发,继而腐烂;温度过低,则发芽缓慢。可用恒温箱、火炕、电灯泡、暖水瓶、电热毯、厩肥堆等控制温度,但必须在使用前测定温度,保持在恒温下催芽。催芽的标准是胚根长 3～4 毫米,过长影响播种。为避免胚根过长,可分次把符合标准的芽头拣出,混合适量的河沙,放置在室温条件下,抑制胚根伸长,而尚未发芽的种子则继续催芽,待多数种子发芽后播种。如催芽后遇寒流,也可用此法保存,待天气好转后播种。

播种前床底铺麦糠、砻糠灰或旧报纸,防止地下害虫和根系穿过。苗钵排匀排紧,以便保温、保湿,防止破碎,保持床面平整,浇水均匀,使出苗一致。播种前浇透水,待水下渗后即行播种。每钵 1～2 粒种子,种子平放,芽尖向下,覆盖约 1 厘米厚的干细土。地面再铺一层地膜,以提高土温和保持湿润,加快种子发芽出土。地热线加温床,畦面再盖一层草苫保温,以节省能源。播种后严密覆盖棚膜。当种子出苗时应及时除去草苫及地膜,防止高温伤芽及下胚轴伸长。出苗时,往往发现部分种子壳不脱落的"戴帽"现象,这是由于覆土过浅、种子直插或表土过干造成的。"戴帽"现象影响子叶生长,可于清晨种壳软时进行人工剥除。

(5)**苗床管理** 苗床温度应实行分段管理。播种至出苗需较高的温度,苗床要密闭,白天充分见光,夜间覆草帘保温;种子破土出苗至第一片真叶出现期,要适当降温,白天保持 20℃～25℃,夜间 15℃～18℃,防止下胚轴过分伸长,形成高脚苗;真叶展开后再提高温度,以促进生长,白天维持 25℃～28℃,夜间 18℃～20℃;定植前 1 周降温,以提高抗性。要求播种后 30～35 天能达到 3～4 片真叶的健壮苗标准。电热线加温床,白天利用日光能,夜间和阴天根据需要通电加温。出苗前土温控制在 28℃～30℃;破土出苗至子叶开展时,夜间土温应保持 25℃左右;真叶出现前后每天傍晚通电 4～6 小时,温度控制在 22℃;第一片真叶出现后外温升高,可不再通电。

光照管理,要尽可能增加光照,采用新的薄膜,保持膜的清洁度,以增加透光率。在苗床温度许可范围内,早揭膜晚盖膜以延长光照时间,降低空气湿度,提高光照度。设置在大棚内的电热温床,覆盖双层膜的透光率进一步降低,因此,幼苗出土后只在傍晚时才覆盖小棚薄膜,白天应揭除。不透明的覆盖物只在出现寒潮的夜间才覆盖,白天不盖,以保证光照条件。

应严格控制水分,出苗前一般不浇水,出苗后土表有裂缝时可用湿润细土撒于畦面,以保持床面疏松,有利于提高土温和保持水分。当真叶展开以后随着床温的提高,增加通风量,蒸发量也增加,就应注意浇水。浇水在晴天上午进行,并控制浇水量,浇后待水气散失后再覆膜,以防止床内湿度过高,往后浇水量和次数应增加。草钵、纸钵苗的空间大,蒸发量大,应适当多浇水;塑料钵苗浇水应少量多次。营养土块育苗,应适当少浇水。定植前几天应停止浇水,以控制幼苗生长,提高幼苗适应性,防止纸钵破碎。

西瓜苗期短,营养土基本上已能满足幼苗对营养元素的需求,不必多次追肥,如发现缺肥症状,可结合病虫害防治喷 0.3% 尿素及 0.2% 磷酸二氢钾溶液。

苗期病虫害主要是猝倒病、炭疽病、潜叶蝇、蚜虫等。防病的主要措施是控制苗床湿度,定期进行药剂防治,整个苗期喷 2~3 次托布津 600~800 倍液。

3. 穴盘育苗

集中育苗、穴盘育苗是今后瓜类育苗的发展方向。它改善了育苗环境,缩短了育苗期,提高了成苗率和瓜苗的素质,适应规模化生产的要求。在一些西瓜生产的主产区,特别是在培育嫁接苗和无籽西瓜育苗上取得了显著成效。

穴盘育苗,即在穴盘的基质中培育瓜苗。其设备有穴盘和基质。育苗可在现代化的温室中进行,亦可在简易的普通大棚内进行。

穴盘是按一定规格制成带有很多小圆形或方形孔穴的塑料盘,大小为 30 厘米×60 厘米,每盘有 32,40,50,72,105 穴等规格,有的甚至更多,穴深 3～10 厘米,塑料壁厚度 0.85～1.05 毫米。西瓜穴盘宜选用 50,72 穴的穴盘。培育苗龄 25～30 天,苗高 15～20 厘米,3～4 片真叶,根系长满孔穴。

为了创造适宜幼苗根系生长的环境,促进幼苗生长整齐一致,减轻或避免土壤传播病害,降低苗盘重量和方便运输,常采用轻型基质。作为育苗基质的材料有珍珠岩、蛭石、草炭土、炉灰渣、沙子、炭化稻壳、炭化玉米芯、经发酵的锯末、甘蔗渣和栽培食用菌的废料等。这些基质可以单独使用,也可以几种混合使用。草炭系复合基质的比例是:草炭 30%～50%,蛭石 20%～30%,炉灰渣 20%～50%,珍珠岩 20%左右。非草炭系复合基质的比例是:棉籽壳 40%～80%,蛭石 20%～30%,糠醛渣 10%～20%,炉灰渣 20%,猪粪 10%。为了充分满足幼苗生长发育对营养的需要,可以在基质中适当加入复合肥 1～1.5 千克/平方米。

如果是首次使用干净穴盘和基质,一般可不进行消毒。重复使用的基质,必需进行消毒处理。消毒的方法:一是用 0.1%～0.5%高锰酸钾溶液浸泡 30 分钟后,用清水洗净;二是用福尔马林对水均匀喷洒在基质上,将基质堆起密闭 2 天后摊开,晾晒 15 天左右使药味挥发后再使用。

穴盘育苗的管理可参考一般传统育苗技术进行。西瓜穴盘苗发根好,易成活,效果良好。当前的问题是,各地在推行该项技术时,首先是对基质的选择及配比应就地取材和确定适于西瓜育苗的配方;其次是穴盘价格较高,增加了育苗成本。而一些小厂生产的穴盘强度不够,搬运困难。

4. 幼苗定植

(1) 定植时期 露地栽培大田定植期必须在绝对终霜期以后,平均气温在 18℃ 以上,才能保证瓜苗免受冻害。在长江中下游和华北地区,西瓜的适宜定植期在 4 月下旬。此外,还应根据当地的小气候、海拔高度而定。要密切注意当时的气象预报,抓紧在寒潮刚过、气温回升的无风晴天定植,这样便于操作,质量有保证,定植后缓苗期短。

大田定植期还应根据幼苗生长状况确定。如临近定植季节,幼苗生育正常,但根系开始伸出苗钵,或幼苗出现徒长,苗床管理较困难时应抓紧时机及早定植;反之,幼苗尚小,尽管其他条件适宜,也应适当推迟。

(2) 种植密度 种植密度应根据气候条件、品种、土壤肥力水平、整枝方式、管理水平及栽培目的的不同而定。一般露地栽培比较粗放,应适当稀植,发挥单株个体的作用,以增大果型,达到增产的目的;集约栽培,如小拱棚早熟栽培,则应增大密度,以发挥群体作用;留种栽培,以提高种子产量为目的,则以密植、多果为宜,这样有利于提高种子的产量。中晚熟种露地栽培,以每 667 平方米栽植 400 株为宜。

北方生长季节雨水较少,温光条件优越,植株的生长势容易得到控制,可以栽密些;而南方多雨地区,植株长势不易控制,应栽稀些。在生长的适宜季节,植株的生长良好,可栽得稀些;而在不适宜的栽培季节,由于气候条件限制,影响生长,就应栽密些。

不同品种生长势强弱不一,栽培密度应有区别。早熟品种长势较弱,则应适当密植;长势较强的中熟品种宜稀植。平原土壤肥沃,宜适当稀植;而土质瘠薄的丘陵、沙荒地,则应适当密植。此外,种植密度还应考虑整枝方式的需要;整枝的应比不整枝的种密些,单蔓整枝比多蔓整枝密些。

(3)定植 定植技术对幼苗成活及生长有直接关系,是保证全苗和齐苗的关键,故应淘汰病苗、弱苗,按幼苗生长分级划片种植。定植技术要领是少损伤根系,土坨与土壤紧密接触,随栽随管,促进幼苗生长。

定植后保持地表疏松,有利于发根。这一点在南方多雨地区尤为重要。在瓜墩附近覆草、覆沙,可以增温保墒,促进幼苗生长。如覆盖地膜,其效果更为显著。

(4)幼苗定植误区 主要是不注意保护好幼苗根系,如定植幼苗时,为了使营养钵土团与大田土紧贴而常用手挤压营养钵土团,这样做会挤压损伤土团内的根系;或在幼苗定植过程中出现营养钵散团时却用附近湿土把幼苗散开的根系捏成土团后再定植,这样对根系的破坏损失很大。以上错误的做法,将造成缓苗时间延长,直接影响早熟效应和植株的正常生长。

(二)西瓜大田直播技术

在华北、西北大陆性气候地区,春季气温回升较快,土质疏松,大田直播容易出苗,可节省育苗成本。而土质黏重、气温回升慢、春季多雨的南方地区,直播容易烂种和僵苗,故多采用育苗移栽。

直播的方法是,定点开长约 15 厘米、深 2～3 厘米的沟,如果土壤干燥,则应点水后再播下干种子(或水浸湿种子),每穴 4～5 粒,种子间距约 3 厘米,用湿土盖平,然后在其上用湿土堆 1 个长 6～7 厘米的小土堆,拍实,这种浅播种深盖土的方法,既能增高土温,又能保持土壤水分。4~5 天后,当幼芽弯脖顶土时,应及时除去土堆。播干种子的 7~10 天出苗,播水浸的种子 5~7 天出苗。催芽直播的,出苗更快,但播种后遇低温易引起烂种。

大田直播应掌握安全期,即当地表 10 厘米深土温稳定在 15℃、出苗时终霜期已过、幼苗无受冻之虞,为适宜安全播种期。有经验的瓜农能依物候期确定西瓜的播种期,如华北农谚"杨柳啪啦去种瓜",意思是杨柳展叶时,播种西瓜。

在播种行上覆宽约 70 厘米地膜,可提高土温,改善环境条件,有利于出苗。先播种后盖地膜,增温效果好,出苗快而整齐,但出土后破膜放苗费工,如不及时放苗,会造成高温烧苗。如先盖膜,开孔后播种,则增温、保墒效果差些,而幼苗较粗壮,适应性强,但播种后必须用细沙盖严。地膜覆盖直播应较露地直播晚 2~3 天,以免冻害伤苗。

大田直播的误区主要是由于技术不当而产生出苗不齐和缺苗断垄现象。其原因有四:一是土壤墒情不足时产生春耕时墒情不足可结合整地进行 1 次灌水,播种时墒情不足可采用借墒(附近底层湿土)播种。二是播种深度不当所致,或过深或过浅,播种时应根据土壤温、湿度情况灵活掌握播种深度。有地膜覆盖的可以浅播,旱地无地膜直播的可以采用浅播深盖(土堆)、及时去土堆的方法。三是播期过早造成的。四是地下害虫为害的结果,应重点做好防治地蛆和地老虎的工作。

四、西瓜栽培技术

(一)西瓜栽培的基本技术

西瓜不同地区与不同栽培方式的栽培技术,虽然各有其不同特点,但是大部分技术大同小异。这些相同的主要技术即为西瓜栽培的基本技术,本节将单列进行介绍,然后在后面的不同栽培方式各节内,将侧重介绍其不同栽培特点。

1. 播种、定植前的基本技术

(1)栽培方式与茬口安排

① 栽培方式　西瓜的栽培方式分为露地栽培、地膜覆盖栽培和保护地栽培。

露地栽培:是在适宜的栽培季节,不用任何保护设施,利用当地气候、土壤条件,进行经济、有效栽培的方式,过去一直是西瓜生产上最基本的栽培方式。按西瓜成熟期的早晚,可再分早熟栽培和中晚熟栽培。

地膜覆盖栽培:是在露地栽培的基础上,着地覆盖一层地膜的栽培方式。由于地膜具有增温、保墒、防雨、保持土壤疏松、增加土壤微生物、加速养分分解等作用,可促进根系生长,使生育期提前,提早成熟;是目前各地西瓜生产上已取代露地栽培而成为一种成本低、效果显著、增产增收的最普及最基本的栽培方式。

保护地栽培:是指在气温较低,西瓜不能在露地正常生长的季节内,采用人工保温措施,创造适于西瓜生长的小气候条件的一种栽培方式。根据覆盖的时间长短,可分为全程覆盖栽培(小拱棚、大棚、温室)和半覆盖栽培(前期采用简易或小拱棚覆盖、后期露地栽培)。

此外,从利用空间和引蔓的方法上,可分爬地栽培和支架栽培;从灌溉与否来分,则有灌溉栽培和旱地栽培;从嫁接与否来分,则有嫁接栽培与自根栽培。

不同的栽培方式是根据各地的气候和栽培习惯、技术水平、经济条件而形成的。不同栽培方式的生育季节和采收供应期不同,采用多种栽培方式是西瓜丰产、稳产和延长供应期的重要措施。

② 栽培季节   西瓜是喜温作物,果实发育时期必须配置在高温季节,才能获得正常产品,所以,我国各地的西瓜栽培季节大部分安排为春播夏收。由于各地的地理纬度和海拔高度不同,气候条件各异,适于西瓜生育的季节也各不相同。早春受低温的限制,必须保证幼苗的正常生长,播种(定植)期应掌握在晚霜终止以后。因此,春季播种(定植)期由南向北推迟。

我国北方地区一般1年只种1季西瓜,而华南地区气温较高,生长季节较长,可以1年栽培两季西瓜;我国最南端的海南省南部地区和云南暖热区,则1年可以栽培3季。其中有的采用了温度由高到低的反季节栽培技术,这对于延长西瓜供应时间,丰富市场供应,提高经济效益,均有重要意义。海南省现已形成大规模的冬季商品西瓜生产基地。

不同的栽培方式,各有其相应的生产季节。我国各地的西瓜栽培季节变化较大(图3)。

③茬口安排   西瓜忌连作重茬,连作土壤积聚了较多的根酸,可引起植株生长势减弱、果型变小、减产,更重要的是极易受土传枯萎病危害。我国各地长期以来,习惯采用合理轮

栽培季节类型	栽培地区	栽培方式	春 3 4 5	夏 6 7 8	秋 9 10 11	冬 12 1 2
春播夏收	华北与长江中下游	露地直播				
		育大苗				
	辽、吉、黑、内蒙古、新、甘、宁	露地直播				
	吐鲁番	露地直播				
	华南	育大苗				
夏播秋收	华南	露地直播				
	华北与长江中下游	露地直播				
秋播冬收	海南南部与云南暖热区	露地直播				
冬播春收	海南南部与云南暖热区	露地直播				
	华北与长江中下游	双覆盖（育大苗）				
		大棚（育大苗）				
		夏菜育苗大棚				

图3　我国各地西瓜的主要栽培季节

1. △△△代表播种，ooo代表幼苗定植，▨▨代表采收

2. 春夏秋冬四季的划分以中原地区一般气候为标准

作来防治枯萎病，轮作的间隔年数，则根据枯萎病病菌在土壤中的存活年数而定，在水田中的存活年数较短，在旱田中存活年数较长。南方水稻田种瓜，只需间隔3～5年。旱田必须间隔8年以上，有灌溉条件的旱田间隔年限可以稍短一些。

轮作中西瓜前茬的选择，各地瓜农在生产中积累了很多经验，归纳起来可分为两类：一是不良茬口，如与西瓜同科（葫

芦科)的西葫芦、笋瓜、甜瓜等作物,其病害可以互相感染传播;此外,菜园尤其是老菜园土壤中的病菌较多,种瓜后易引起发病,也不宜选做前茬。二是好茬口,水稻田是西瓜的好前茬,稻田种瓜病害轻,杂草少;北方大田区选择西瓜前茬作物不十分严格,一般头一年的大秋作物茬均可选用,如玉米、红薯、棉花、花生等;一年一季或一年两季的地区,前茬亦可选用小麦等麦类作物茬口。至于豆茬能否选用,各地说法不一,有的地方农谚说"豆茬种瓜,不坏也瞎",指的是豆茬的地下害虫多,不易保苗,故忌用豆茬;也有人说豆科作物有根瘤菌的固氮作用,豆茬肥力较高,有利于促进需肥量较大的西瓜作物生长。可见,只要能有效地防治地下害虫为害,选用豆茬也是完全可以的。

西瓜本身是个好茬口,一般西瓜田施农家肥较多,质量也较好,同时瓜行距离大,又有一定的休闲时间。另外,西瓜的根系较深,有深根改土的作用,因此西瓜茬的后效比较高。长江中下游地区西瓜茬插晚稻一般可增产 10% 以上;北方沙区粮食产量低,但沙地西瓜茬种小麦一般可以成倍增产。所以大田作物区在实行合理轮作倒茬时,往往都喜欢安排运用西瓜这个好茬口,以促进增产。

(2) 瓜田的选择、耕作与做畦

① 瓜田的选择　首先,从产品卫生安全的角度出发,产地环境的空气质量、灌溉水质及土壤重金属含量应符合规定的要求。其次,应从地势、土质及茬口 3 个方面考虑:南方水网地区降水多,排水防涝是必须首先考虑的问题,所以应选择地势较高燥的地块或丘陵地;稻田种瓜必须选择四周排水畅通的地段,旱瓜栽培因整个生长期不进行补充灌溉,应选择地势稍低、排水良好、易于蓄水保墒的地块,但过于低湿的地块

也不宜选用;春播西瓜的幼苗生长前期处于气温较低而多变的季节,为了护苗、保苗,就应选择背风向阳小气候较好的地段;早熟栽培和保护地栽培,更应选择北面有房屋、树林、山坡等屏障物的向阳暖坡,以抵御寒风侵袭;北方晚瓜栽培,西瓜生长中后期正值雨季,以选择地势稍高、排水良好的地块比较安全。

土质的选择亦很重要,沙质壤土种植西瓜最为适宜,沙地排水通畅,通透性好,地温昼夜温差大,生产的西瓜含糖量高,味甜,品质好。但是,西瓜需肥量较大,没有足够的土壤肥力是长不出大瓜的,而沙地土壤肥力一般较差。因此,不宜选沙层很厚的地块种瓜,除非有足够的农家细肥做基肥。所以,有经验的北方瓜农,喜欢选用表层为沙土而底层为肥力较高的壤土或冲积肥土的地块,华北瓜农称这类土壤为"蒙金地"或"连合土"。黏性土壤上种瓜一般表现成熟晚,瓜果大,产量高,但是发苗慢,易于徒长、感病,在这类土壤上种瓜时,最好在瓜根附近加铺一层沙土,以改良土壤。

② 耕作 西瓜是深根作物,为了充分发挥其增产潜力,一般瓜田均进行深翻,但是深翻的程度与时间则应视各地具体情况而定。北方瓜地一般在头年大秋作物收获后即用拖拉机耕翻,深约 30 厘米。墒情较差的沙地深挖瓜沟,深约 70 厘米,以便改土和冬季蓄水,开春后酌情趁墒(下雨、下雪或灌水后)耙糖保墒。头年不开瓜沟的瓜地,通常都在播种或定植前结合施基肥,于瓜行内进行 1 次深翻,深 20～30 厘米,瓜农通常均用铁锹翻地。南方瓜地一般均套作在越冬麦类作物或油菜地内,北方瓜地的深翻就必须在越冬作物播种前进行,通常行间留出瓜路,在翌年春幼苗定植前结合施基肥进行 1 次人工耕翻。

总之,西瓜栽培要求多次耕翻,使土壤达到耕作层深厚,墒情足,肥力大,通透性好,以形成良好的根际环境,确保西瓜丰产丰收。

③ 做畦 为了能及时排灌,种植西瓜必须做畦。南北气候不同,降水情况差别很大,所以做畦的方式也不同。南方雨水多,雨涝是主要矛盾,但生长后期往往是旱季,西瓜果实膨大期需要灌溉,做畦应以排水为主,排、灌结合,通常做成高畦和配套排、灌兼用的系统。华北、东北地区西瓜生长前中期干旱,后期进入雨季,做畦时应掌握以灌为主、灌排结合的原则,一般多做成平畦或高低波浪形畦。新疆、甘肃地区,降水量很少,根本不存在雨涝,所以做畦时不用考虑排水问题,以有利于灌溉为原则,一般做成深沟(大小沟)和较高的畦面。由于这个地区需多次灌溉,为防病害蔓延,要绝对避免瓜根和畦面漫水,灌水只在沟内进行。而华北、东北地区,由于补充灌溉次数很少,甚至降水正常年份可以不灌溉,偶然进行1次全畦灌溉亦无影响。各地的做畦方式各有其特点(图 4 之 1,2,3)。

2. 播种、定植后的田间管理基本技术

(1) 施肥与灌溉

① 西瓜吸收营养的特点 西瓜对氮、磷、钾三要素的吸收,基本上与植株干重的增长相一致。发芽期吸肥量少;幼苗期吸收量仅占全生育期总吸收量的 0.54%;抽蔓期茎叶干重迅速增长,矿质营养吸收相应增加,占全生育期总吸收量的 14.66%;坐果期、果实生长期吸收量最大,占全生育期总吸收量的 84.78%,日平均吸收量最高;变瓤期由于基部叶衰老及器官中氮、磷、钾三要素含量降低,使吸收量成为负值。

西瓜对氮、磷、钾三要素的吸收,以钾最多,氮次之,磷最少。据周光华测定,三者的比例为 3.28∶1∶4.33。

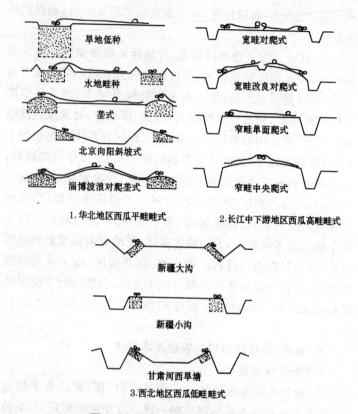

旱地低种

宽畦对爬式

水地畦种

宽畦改良对爬式

垄式

窄畦单面爬式

北京向阳斜坡式

窄畦中央爬式

淄博波浪对爬垄式

1.华北地区西瓜平畦畦式　　　2.长江中下游地区西瓜高畦畦式

新疆大沟

新疆小沟

甘肃河西旱塘

3.西北地区西瓜低畦畦式

图4　全国各地区的西瓜不同畦式

不同生育期对三要素的吸收量是不同的。氮的吸收较早,伸蔓期迅速增加,果实膨大期吸收达高峰;钾在前期吸收较少,果实膨大期急剧上升;磷在初期吸收较高,吸收高峰出现较早,在伸蔓期已趋平稳,果实膨大期降低,磷促进根系生长和促进花芽分化,应注意苗床及前期增加磷肥。植株不同部位三要素含量不同。营养生长阶段叶片含氮量较高,钾较少,茎、叶柄中含量以钾为高,氮较少;随着株龄增加,茎、叶中磷含量略有增加,氮略减少,钾明显减少;子房膨大,果实中含钾量急增,说明果实膨大需要较多钾素营养;果实膨大期,果实是氮、磷、钾分配中心,所需要的氮、磷、钾相当一部分是由其他器官转运而来。

西瓜对钙、镁的吸收较多,特别在果实膨大期缺钙,可增加枯萎病的发生,引起脐腐,果肉发生硬块等生理病害。缺镁则引起叶枯病。土壤酸性强、水分低,土壤溶液浓度过高及含氮、铵量过高都影响钙的吸收。因此,改善西瓜钙素营养,应从改良土壤着手。镁在土壤中易流失,中性或碱性土可施硫酸镁,酸性土可施碳酸镁补救。

② 施肥技术　西瓜需肥量较高,可根据西瓜吸肥规律、土壤的肥力和计划产量来确定施肥量。同时,应考虑到气候条件、品种与植株的状况。考虑到土壤中原有的营养和各种肥料的当季利用率,在中等肥力的土壤每 667 平方米三要素的总需要量为:氮 11 千克,磷 5.7 千克,钾 11 千克,折合成硫酸铵 55 千克(尿素 24 千克),过磷酸钙 48 千克,硫酸钾 22 千克。

基肥的比例依地区、土质及栽培方式而异。在华北降水量少的地区,基肥用量高,一般为总施肥量的 60% 左右;而在南方多雨地区,基肥用量少,约占总施肥量的 30%。早熟栽培因前期气温低,硝化作用慢,应增加基肥的用量。在丘陵山地因土质瘠薄,基肥用量亦须相应增加。

氮肥对西瓜的产量和品质有直接影响。在施用基肥的基础上,以每 667 平方米施氮肥 18 千克的产量最高;施用量过多,结果数减少,产量降低,果实的含糖量明显下降,品质降低。因此,对于氮肥的施用量应严格控制。

施用钾肥可以显著提高西瓜的含糖量,改善品质,并提高植株的抗病性，从而增加产量。在满足氮、磷营养的条件下，每 667 平方米产量 3 500～4 000 千克的，以每 667 平方米施钾 20.5 千克为宜。严强（1988）关于氮、钾配合试验的结果指出，氮肥对西瓜产量影响较大，氮、钾配合可提高西瓜产量，增进品质。氮或钾的比例过高，将降低西瓜含糖量，氮过多所造成中心糖度的下降更为显著，以每 667 平方米施氮 10.5 千克，钾素 8 千克为宜。不同时期施等量钾肥，其增糖效果不同：移植子叶苗施用钾肥做基肥，果实含糖量增加 23%；坐果期施用，含糖量增加 12.7%，表明前期施用钾肥效果好。植株分析的结果表明，增施钾肥不仅提高钾的水平，氮、磷含量亦明显地增加。

磷对西瓜增产和改进果实品质的作用是肯定的，在氮水平相同条件下，高磷低钾处理对增进品质效果好。中国农业科学院土壤肥料研究所在坐果期分别增施磷、钾肥，果实的相对含糖量分别增加 11.2% 和 14.5%；而单独施用氮肥，含糖量则下降 1.82%。

以上结果说明，氮、磷、钾三要素应合理配合施用，增施磷、钾肥可以提高西瓜的品质，前期应控制氮的施用，以免造成徒长、结果减少和降低品质等不良影响。

③ 追肥　追肥总的原则是轻施提苗肥，巧施出藤肥，重施结果肥。

西瓜苗期根系分布范围小，对于深层的迟效肥难以吸收利用，应补施速效肥以促进生长。北方多在 4～5 片真叶期，于苗的一侧约 10 厘米处开浅沟，每 667 平方米施尿素约 2.5 千克，封沟后浇小水；南方从定植至伸蔓前，用稀人粪尿浇 2～3 次，每次用量 250～300 千克。如苗期阴雨，则可在幼苗四周施少量尿素，每 667 平方米约 1 千克。苗期追肥切忌用量过大、距根太近，以免伤根而造成僵苗。

伸蔓以后，生长速度加快，对养分的需要量增加，此期追肥可促进瓜蔓的生长。山东省的经验是在株间开沟，宽、深各10厘米，长30～40厘米，每株施腐熟饼肥100克，大粪干等优质有机肥500克，如施化肥每株施尿素10～15克，过磷酸钙30克，硫酸钾15克，施后肥、土要掺匀，盖土封沟踩实，然后浇水，以促进肥料的吸收。陕西省的经验是，当蔓长约35厘米时，在距根际约30厘米处开沟，施棉籽饼、黑豆，每667平方米约25千克，并配以少量氮化肥，施后掺匀，垫沟踩实。南方在间作物麦子收割后，在畦的内侧距瓜苗约50厘米处开深15厘米的施肥沟，每667平方米施菜籽饼50～75千克，或腐熟鸡、鸭粪500～750千克，或杂肥1 000千克，或三元复合肥10～15千克，施后全面翻耕，整平畦面。这次重施肥既促进茎叶生长，又可供果实生长之需要，对保持植株的生长势和延长结果都有利。

在正常结果节位的幼果如鸡蛋大、果实开始迅速膨大时，是西瓜追肥的关键时期，应重施结果肥。各地施用的肥料种类、数量、方法不同。山东省是在畦的一侧开沟，每667平方米施磷酸二铵15～20千克，硫酸钾5～7.5千克，或结合灌水每667平方米冲入粪尿500千克，当果实有碗口大时，每667平方米施尿素5～7千克，过磷酸钙3～4千克，硫酸钾4～5千克，或三元复合肥10～15千克，撒施后立刻浇水，或随浇水冲施。南方地区每667平方米施尿素10千克，或将人粪尿浇在空隙处，1周后施第二次，用量酌减。上海市金山县的经验是采用厩肥、人粪、过磷酸钙混合腐熟后对水施用，可以提高果实的品质。

结果期由于根系的吸收能力降低，可采用叶面喷施补充植株营养,常用 0.2%～0.3%尿素、0.4%～0.5%硫酸钾、0.3%磷酸二氢钾与乐果、托布津等酸性农药混用,或 1%过磷酸钙浸出液与碱性农药混用。根外施肥应严格掌握浓度,同时注意避免在强烈阳光下施用。

④ 灌水 华北地区西瓜早熟栽培,对灌水量及方法十分讲究,播种前浇"抹芽水",子叶平展时浇"稳苗水",二叶期和团棵期浇"催叶水",瓜蔓长约 30 厘米时浇"催条水",瓜蔓长约 60 厘米时浇"催纽水",果实膨大期浇"膨瓜水"。前期浇水量宜少,移植后 3～4 天浇 1 次缓苗水,采取点浇方式,以防降低土温,影响根系生长,促进幼苗生长。伸蔓后植株需水量增加,浇水量应适当加大,可在植株南侧 30 厘米处开沟,采用小水缓浇浸润根际,一般在上午浇水,浇后暂不封土,经日晒晒暖后封沟,以提高土温,这种浇水方法称"暗水"。以后气温升高,可采用畦面灌溉。从坐果节雌花开放至果实坐稳,一般应控制浇水,促进坐果。雌花开放 5～6 天坐果后,应浇"膨瓜水",3～4 天 1 次,水量不宜过大。当果实有碗口大小时,正是膨大的高峰期,需要大量水分,始终保持畦面湿润,瓜成熟前 7～10 天应减少浇水,采收前 3～5 天停止浇水。

南方西瓜栽培以排水为主。前期结合施肥浇稀薄人粪尿。5 月中下旬出现高温、干旱天气,影响植株生长,并易诱发病毒病的发生,应适量淋浇以增加土壤湿度和近地面的空气湿度,必要时连浇几次,以减少病毒病的发生。果实膨大期正处于梅雨期,仍以排水为主。伏旱期是露地栽培西瓜果实膨大期,应行沟灌,但水量不应漫过畦面,水在沟中不能停留过长,应在傍晚和清晨地凉、水凉时灌水,避免高温伤根。水田土质黏重,沟灌不能渗及根部,为增加水量,可用沟中的水泼浇根部。

⑤ **施肥浇水误区** 施肥灌水上存在的误区:一是有机肥料的施用量越来越少,甚至有的地方只施化肥不施有机肥,这将严重影响商品瓜的质量和安全。二是用未充分腐熟的粪肥(鸡粪、猪粪等)做基肥时,常会遭致地蛆等地下害虫的为害。三是施肥方法不科学、不合理。有的瓜农为了最大限度地提高产量而盲目施用过多肥料,造成不必要的浪费;有的偏施氮肥而忽视磷、钾肥合理配合施用或大量盲目施用氮化肥,从而影响商品瓜的品质和产量,有条件的地方应提倡根据西瓜植株不同生育阶段的需要采用科学的测土施肥;有的不重视后期叶面追肥而导致植株早衰,因而达不到实施多次根外追肥以延长植株生育、促进多次结果以发掘增产潜力的目的。四是在需水量最大的膨瓜期内大水漫灌,由于大水漫灌时水常漫过畦面,降低土壤通透性影响根系发育,同时水浸根茎,土壤、空气湿度过大易导致病害发生,故切忌采用这种灌溉方法,应提倡高畦(或垄栽)沟灌渗水法,有条件的可以采用节水、高效的滴灌方法。

(2)整枝压蔓与果实管理

① **整枝** 西瓜的腋芽萌发力很强,很容易发杈。如果放任不管,因枝杈过多,耗费大量养分;若肥力不足,必然会引起瓜小、产量低、品质差的不良后果,所以须进行不同程度的整枝。整枝的方式很多(图5),目前南北各地应用最广泛的是双蔓整枝和3蔓整枝。双蔓整枝多是一主一副,即除主蔓外在基部选留一健壮侧蔓,其余侧枝全部摘除,这种方式一般是在早熟栽培上应用。3蔓整枝通常都是用一主两副,除留主蔓外,在基部选留两条健壮侧蔓,将其余侧蔓全部摘除。这种方式多在露地中晚熟栽培上应用。不论是双蔓整枝还是3蔓整枝,当果实坐稳后,植株体内养分集中往果实中运转时,枝

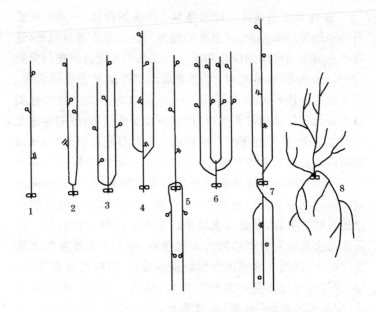

图5 西瓜的整枝方式

1. 单蔓式 2. 双蔓式 3,4,5. 三蔓式 6. 四蔓式 7. 六蔓式 8. 不整枝

蔓顶端生长已很缓慢,不会消耗大量养分,同时瓜蔓已经满园,植株管理比较困难,此时一般均停止整枝打杈工作。

内蒙古自治区和东北地区制种栽培时,常采用单蔓整枝方式。为提高单蔓整枝的坐果率,应重视控制植株徒长。

日本和我国台湾省采用多蔓整枝的比较多,大部分都是在7叶期左右摘除主蔓,再选留4～5根健壮侧蔓,同方向或四向伸展。亦有的不摘除主蔓,另从基部选留3～4根侧蔓。

通常北方种瓜整枝较严格,要求及时打杈;南方种瓜整枝并不很严,要求轻度整枝,因为南方坐果较难而且雨水较多,要求及早满园,以防止雨淋沾泥。

② **压蔓** 压瓜(即压蔓)是北方重要的田间管理技术。压蔓的好处:一是可以固蔓防风。北方春、夏风大,刮大风时容易造成蔓滚花落而坐不住果,压蔓后瓜蔓就不会翻滚。二是压蔓时把主侧蔓均匀分布于行间,可充分利用土地,提高光合效率。三是可以调节好营养生长与生殖生长的关系,使茎、叶与果实协调生长,茎蔓增粗,顶端生长减慢,有利于坐果和促进果实膨大。四是压入土中或土块下的茎节上可以产生不定根,从而增大根的吸收面。

西瓜的压蔓方法分明压与暗压两种。明压一般在土壤湿度较大的黏质土壤上进行,通常用压土块或用树枝、塑料夹卡压的办法,一般每隔20~30厘米压1次。暗压常在沙地或旱地上采用,一般用压瓜铲开沟后,先把瓜蔓拉直,再把瓜蔓放入沟内,将沟土挤紧压实即可。亦有采用比较简单的暗压方法,即先在压蔓处挖一小穴,把瓜蔓放入穴内,再盖土压紧。压瓜时应注意不要把雌花压入土内。

压蔓的轻重可以调节茎叶的生长。茎叶生长较旺时应采用重压和深压的办法控制茎端过快生长,以促进坐果;植株生长势较弱,就应轻压,以促使茎叶加快加大生长。清晨茎蔓水多质脆,容易碰折,因此,在下午茎蔓变软时压蔓比较安全。

南方雨多,土壤湿度大,压蔓易发生烂茎。因此,采用理蔓或铺草的办法。同样亦可把瓜蔓均匀分布于畦面,用瓜蔓上的卷须攀援于铺草上或瓜蔓间互相攀援而固定下来。

③ **适宜的坐果部位** 西瓜的坐果节位与果型的大小有直接关系。主蔓上第一朵雌花形成的果实,由于果型小、形状不圆正、皮厚,一般不留用。而高节位的远藤瓜成熟期较晚,同时由于生长旺盛造成坐果困难,生产上多采用主蔓上第二、第三雌花结果,大致的节位为第十五至第二十五节,距根部

80～100厘米。留果节位与品种、栽培方式、坐果期气候条件及植株生长状况有关。早熟品种雌花发生较早,如作为早熟栽培,通常选留第十至第十五节主蔓上第二雌花;中熟品种露地栽培,雌花出现节位较高,以果型大和丰产为目的的,要考虑到主蔓上第三朵雌花果型最大,如第三朵雌花不能及时坐果,以后形成的果实又变小,因此为争取主动,应选留主蔓第十五至第二十五节第二或第三朵雌花结果。坐果期气候条件适宜,坐果后无不利因素影响果实发育,应适当地推迟坐果,可以增大果型,提高产量。南方坐果期在梅雨季节,为了争取"带瓜入梅",坐果节位应适当提前。华北地区后期雨季影响生长,坐果节位亦应相应提前。

植株的生长势与坐果的关系密切。前期生长势弱容易坐果,但果小。为了促进营养生长,坐果节位可适当高些;反之,长势旺的则应提前结果。出现徒长的植株,可以通过低节位坐果,以抑制其生长势。当适当部位结果后,再摘除基部的果实。此外,可以通过整枝调节生长势,促进坐果。如南方引种生长势强的品种,坐果率很低,坐果节位很高;若在5～6叶期打顶,利用侧蔓结果,可以缓和生长势。

④ 促进坐果 西瓜是异花授粉作物,在自然条件下靠昆虫传播花粉。早期开放的雌花因处于较低温度条件下,昆虫活动少,影响授粉结实,采用人工辅助授粉可显著提高结果率。当理想坐果部位雌花开放时,清晨采摘当天能开放的雄花蕾,置于小盒里让其自然开放,用其花药涂抹在雌蕊的柱头上;田间雌花开放时雄花亦开放,剥除雄花花冠,将扭曲状的花药涂抹在雌蕊的柱头上。每朵雄花可供2～3朵雌花授粉。授粉时应注意不要碰伤子房,以免影响结果。授粉的时间宜早,因刚开放的雌花花粉量多,生活力强,结果率高;10时以

后柱头分泌黏液,影响受粉结实。人工辅助授粉的成功率与当时气候条件及子房的素质有关,晴天授粉结实率高,阴天授粉结实率较低。据浙江省遂昌县副食品公司调查,晴天授粉的结实率达 83%,而阴天只有 30%。雌花蕾发育好,表现为花柄较粗,子房大,外形正常,色泽鲜绿具光泽,子房密生茸毛,人工辅助授粉后容易坐果。雌花柄细、子房小而瘦弱的坐果率低。当气温上升,西瓜花器发育正常,昆虫活动频繁,自然坐果率很高,此时无须进行人工辅助授粉。在低温、阴雨或植株生长势较旺时,必须采用人工辅助授粉。

雨天套防雨纸袋授粉也有一定效果。其方法是:在清晨雌花开放前,套小纸筒防雨,同时采摘雄花蕾移至室内存放,田间雌花开放时,除去防雨袋授粉,然后再套上纸筒(塑料筒)防雨,如授粉后 4～5 小时无暴雨冲去防雨袋,部分雌花就能结果。

⑤ 果实管理 在西瓜果实的生长成熟过程中,为促进果实的正常发育,提高果实的商品性,应该及时进行果实管理工作。当幼瓜坐稳后,果实长到核桃大小时可进行顺瓜管理,即把幼果的方向位置理顺摆好,使之能顺利发育膨大。华北沙土地区有经验的瓜农常在幼瓜下面用土拍成一个斜坡,使幼果顺躺在坡上而有利于果实发育膨大。多蔓整枝或在 1 株上能同时结几个瓜的地块,要及时疏果,摘除留瓜部位较近的果形不正的、带病或受伤的幼果,以保证正常部位果实的发育膨大。一般在采收前 10～15 天开始垫瓜、翻瓜,即在西瓜接触地面的一面垫上一个草圈或塑料垫圈,以防止因地面过湿而发生烂瓜,多雨季节和多雨地区尤应注意这个问题。为保持商品瓜果皮的色泽均匀,消除黄白阴面的产生,通常每隔 2～3 天翻 1 次瓜,每次翻转 90°左右,应顺一个方向翻,一般翻瓜 3～4 次后瓜面色泽即可均匀。采收前 4～5 天,当果实八成熟以上时,即可

进行"竖瓜",把瓜竖立起来,使果实发育更趋圆正。

⑥ **整枝留果的误区** 一是为了追求早熟,有的瓜农常在植株尚未充分发育壮大时过早过近留果,这样的果实不能长大,将严重影响产量。留果部位应根据不同栽培目的和植株不同长势而定,早熟栽培的留果应早应近,中晚熟栽培的留果宜适当晚而远,一般品种早熟栽培的以留主蔓第二朵雌花为好,晚熟栽培的则宜留主蔓第三、第四朵雌花或侧蔓第二、第三朵雌花为多,但应视留果时的植株生长情况适当灵活掌握。植株长势旺时,可提早提前留果;反之,植株长势较弱可适当延后晚留。二是阴雨多湿地区坐果较困难,故不宜整枝太狠,但少数南方年轻瓜农照搬北方经验,对西瓜也进行了严格细致的整枝技术,但效果适得其反,导致植株长势过旺而坐不住果。

(3)采收 西瓜的采收时期与品种和栽培方式有关。早熟品种采用大棚或双膜覆盖栽培,在6月上旬开始采收,7月上旬达采收高峰期。中熟品种地膜覆盖栽培,7月上旬开始采收,7月底达采收高峰期。西瓜的产量受气候条件限制,在地区间、年际间差异很大。华北、西北地区产量较高而且稳定,一般每667平方米产量3000千克以上,丰产者在4000~5000千克。而南方多雨地区产量较低而且很不稳定,正常年景产量2500千克左右,丰产年3000~4000千克,低产年不足750千克。

西瓜采收成熟度与品质有直接关系。果实品质主要以果实的商品性和肉质优劣来衡量。商品性是指果实的性状具有该品种特征的色泽,果实大小均匀,形状整齐,果柄新鲜,无畸形果、裂果和病果。肉质是指剖开后的性状,如皮薄,可食率高,果肉色泽均匀,纤维少,肉质松紧适度,味鲜甜,无空心,无黄带,无异味等。没有成熟的果实含糖量低,色泽浅,风味差;

而过熟的果实质地软绵,含糖量下降,食用品质降低。因此,应采收成熟适度的果实。

西瓜因坐果节位、坐果期的不同,果实间成熟度不一,应分次陆续采收。可根据以下方法来判断成熟度。

根据雌花开花后的天数判断成熟度。每个品种在一定的气候条件下,从雌花开放至成熟的天数基本上是固定的,一般小果型品种 25～26 天,早熟和中熟品种 30～35 天,晚熟品种在 40 天以上。但同一品种由于坐果部位和果实生长期间气候条件的差异,使成熟所需的天数有所不同,如坐果节位低和在较低温度下,从开花至成熟的天数就长;坐果节位高和在较高温度下,从开花至成熟的天数就短些。

根据插用不同标色杆来确定西瓜成熟度。在坐果期,当幼果有鸡蛋大小时,在幼果一侧插上有色标杆,如 6 月 10 日坐果的用红色杆,6 月 13 日坐果的用白色杆,6 月 16 日坐果的用黄色杆。该品种开花至成熟需 30 天,分别到 30 天时采收,即红色标杆于 7 月 10 日采收,白色标杆于 7 月 13 日采收,黄色标杆于 7 月 16 日采收。此法可以保证采收成熟度。必要时也可在采收前根据形态来判断,采样剖瓜决定适宜采收期。

根据西瓜果实性状判断成熟度。果面花纹清晰,表面具有光泽,着地面呈明显黄色,脐部(收花处)、蒂部(果柄基部)略收缩,均为熟瓜的形态特征。也可用手指弹瓜来判断,如发出浊音的为熟瓜,而发出清脆声的为未熟生瓜。还可用测定果实的比重来判断,生瓜的比重约为 1,适熟的瓜为 0.95,小于 0.95 则为过熟的瓜。此外,也可根据果柄及卷须的形态判断,果柄上茸毛稀疏或脱落,坐果同节卷须枯焦 1/2 以上为熟瓜。此判断方法未必绝对可靠,因植株的长势不同,会出现差异,如采收初期植株长势仍较旺,果实成熟时卷须不一定枯萎;反之,后期长势弱,卷须虽已枯萎,果实则未必成熟。

采收成熟度还应根据市场情况来确定。如当地供应可采摘九成熟的瓜,于当日下午或次日供应市场。运销外地的可采收七八成熟的瓜。

西瓜采收上的主要误区有二:一是由于西瓜早期市场的季节差价大,有的瓜农为了抢早上市常提前采收生瓜上市,这种做法在各地早熟栽培上发生比较普遍,严重地影响了西瓜商品质量;二是有些瓜农尤其是年轻新瓜农掌握不好西瓜的成熟度鉴别技术,以往都是靠有经验的瓜农凭感观(眼看、手摸、耳听)来鉴别西瓜的成熟度。但是随着生产品种的多样化,单凭感观来鉴别难以做到科学和准确。而在开花坐果期内分批插标熟杆的方法是目前最科学实用的鉴别西瓜成熟度的方法,值得大力提倡推广。

(二)西瓜地膜覆盖栽培技术

1. 西瓜地膜覆盖栽培的误区

西瓜地膜覆盖栽培的 3 个误区如下。

(1)忽视铺膜质量 西瓜地膜覆盖的早熟增产效应极为显著,其效应的高低与铺膜质量的好坏直接有关。铺膜质量好的增温保墒效应显著,而铺膜质量差的效果就差甚至无效。有些瓜农只知铺膜效果好而不了解其与铺膜质量的好坏直接相关,故在春季铺膜时尤其是在劳力不足的情况下常会走入忽视铺膜质量的误区,只图铺膜进度而忽视铺膜质量,往往出现畦面尚未整细整平就开始铺膜,铺膜时又不注意拉紧、压实和膜面紧贴地面的三个基本要求。因而铺膜质量差,达不到增温保墒的目的。

(2)忽视膜面管理 有的瓜农铺膜铺得很好,但铺膜后不重视膜面管理。如春季风大,为了防止刮大风致使膜面松动,甚至把地膜刮破、掀开,应及时采取隔一定距离加设大土块或土堆以镇压住膜面,但此项管理工作没有跟上。又如春季风沙较大,膜面上常被灰尘细沙覆盖而没有及时扫清,致使膜面透光率降低,影响了覆膜的增温效应。还有的幼苗定植口膜面封土不严,致使定植口透风漏气也会影响增温效果。

(3) 铺地膜时底墒不足 这是地膜覆盖栽培中经常出现的误区。地膜覆盖栽培只有在底墒足的前提下才能充分发挥其增温保墒和早熟增产效应,如底墒不足则效应差。北方旱地覆盖地膜时如底墒不足甚至会出现反效应。故应在冬春雨雪后乘墒情好时及时犁耙保墒,或有条件的可在春季铺膜前灌水造墒后再整地铺膜。

2. 地膜覆盖栽培关键技术

栽培西瓜在早春易受北风低温影响,前中期常因少雨而受干旱威胁,所以栽培上采取增温保墒措施十分重要。20 世纪 70 年代末,对地膜覆盖栽培技术进行的试验结果证明,西瓜的行距大,用膜量少,每 667 平方米投资成本比其他作物要低得多;此项技术操作简便,易于掌握,更重要的是它的增温、保墒、早熟、增产增收的效果显著,一般可比露地栽培提早10~15 天成熟,增产 50% 以上。目前不少地区已基本实现了西瓜栽培地膜覆盖化,地膜覆盖已成为北方西瓜早熟稳产的重要措施。

北方地区推广地膜覆盖技术最早的是山东淄博、河南开封、山西太谷、河北保定和石家庄、北京大兴等地。其主要的栽培经验如下。

(1) 整地铺膜

① **畦面要平整** 地膜的增温保墒效应,只有在膜面与畦

面紧贴的情况下才能得到充分发挥，所以畦面必须整细整平。一般在开春后乘墒耕翻，耕翻后立即耙平整细做畦，如耕翻时墒情不足，可全园灌1次水，以利于蓄水保墒。由于地膜下土壤浅层(10～20厘米)的温、湿度条件好，西瓜主要根系的分布层也就比较浅，所以地膜西瓜的耕翻深度可以稍浅些，20～25厘米即可。瓜行畦面以整成圆头形为宜，因这种形式的畦面与地膜紧贴最好。也有把畦面整成平顶或斜坡形的，但其紧贴程度均不如圆头形。整理畦面要求像整菜畦一样，用菜耙耙平，一般可来回细耙两次，使畦面光滑，无大坷垃，无碎石和残留根茬，以免铺膜后造成破膜影响效果，畦面整好后应立即铺膜。

　　② 地膜要紧贴畦面　瓜地铺膜大体有两种方法：一种是先铺膜后播种(或定植)，另一种是先播种(或定植)后铺膜。一般劳力不足的地方，多采用提前抢铺，以便集中劳力高质量铺好膜，同时早铺膜也可提早升高地温，有利于出苗、缓苗。先铺后种的缺点是播种或定植幼苗时往往因操作不慎破坏畦面平整而影响膜面的紧贴程度，从而降低了铺膜效果，所以在播种和定植时应该特别小心；先铺后种的铺膜方法比较简单，即在整好的畦面上，按覆盖宽度(依地膜宽度而定)拉线开沟，沟深10厘米左右，通常两边各留10厘米地膜埋入土中。铺膜时由两人把地膜随畦面延伸方向展开，再贴紧畦面拉直拉紧，同时有两人分别在两边把膜边绷紧埋入土中压实，两头也同时压实，压好后再在四边培土，用脚紧挨膜边踩实即可。另一种是先播种(或定植)后铺膜，可以确保畦面完整而不受破坏，因为膜面紧贴地面，覆膜的效果较好。但是由于此法必须播种(定植)与铺膜同步连续进行，需要有足够的劳力。另外，由于比上法的铺膜时间晚，地温升高也略迟些，所以幼芽出土

或缓苗时间相应也就晚些;先栽苗后铺膜要开膜口,掏苗后膜要铺平铺紧就比较费工;铺膜方法与先铺后播相同。

③ 要选用适宜地膜 北方多选用普通透明地膜(高压聚乙烯地膜),厚度为 0.014±0.002 毫米,幅宽 80～100 厘米。近年来高密度膜(超薄膜)由于成本低,推广发展也比较快,此膜厚度为 0.007～0.009 毫米。秋瓜栽培为了防蚜常用银灰膜。草多的瓜地可用黑色膜或用黑色银灰双色膜。

(2)膜面管理 为持久地发挥地膜的增温保墒效应,加强膜面管理非常重要。通过膜面管理使膜面一直保持紧贴、密闭和光滑的最佳状态。春季刮大风时地膜容易上下松动,应随时检查,随时踩实压膜的四边或临时在地膜上面压土堆或大土块。为了保持不透风不漏气,幼芽出土或幼苗定植后,应及时封好封死穴口,并在以后随时检查,发现未封严漏气的穴口应及时培土封闭。膜面上破洞漏气的地方,可补铺小块地膜或盖土封死。膜面要经常保持清洁、光亮,以便充分接受阳光,更好地发挥增温效应,膜面上有尘土时,等土干后用扫帚轻轻扫干净。播种穴口的培土不宜培得过大,镇压防风用的土块或土堆在大风过后应及时去除。

(3)田间管理 田间管理大部分与露地栽培相同,其特殊之处,有以下几点。

① 减少浇水施肥 由于底墒足、保墒好,一般生长前中期不必浇水。果实膨大期需水量大,是否需要补充灌溉,则应看当时墒情而定。地膜西瓜的施肥量一般可略少于露地西瓜,并 1 次使用(基肥)即可,后期可根据果实膨大情况和是否结二次瓜,灵活使用叶面喷施。

② 明压蔓,早垫瓜 整枝压蔓时在膜面上不能暗压,只能明压,以免茎蔓埋入膜下土中感病烂茎。幼果坐在地膜上

时,应在瓜下垫土垫草,以免因膜面高温造成果实着地面腐烂。

③ 及早防治地下害虫　地膜下的土壤温、湿度条件好,地蛆、蝼蛄等地下害虫的发生和为害比露地栽培要早且比较严重,因此应加倍小心,及早防治。

④ 争取结好二次瓜　地膜西瓜的植株生长健壮,成熟又早,因此一般比露地西瓜易结二次瓜,增产潜力比较大,应针对这个特点,加强管理保护茎叶,适当增肥浇水,及时防病,以便促秧保瓜,争取结好二次瓜和延长供应期,从而增产增收。

(三)西瓜小拱棚双覆盖栽培技术

1. 小拱棚覆盖栽培的误区

一是在棚膜管理上经常会出现因揭盖不及时而影响瓜苗生长。由于小拱棚内空间矮小,因此,棚内气温变化受外界光照、气温的变化影响要比大棚大,晴天棚内上午气温回升很快,下午气温下降也很快,故小拱棚的管理应比大棚更细心,必须及时揭盖棚膜以免因晚揭而引起高温(有时可达40℃以上)烤苗,或因晚盖造成棚内气温偏低而影响植株正常生长,这个问题在大晴天或出现刮风降温天气时尤为突出,应予以足够重视。

二是有些经济条件较差地区的瓜农常采用地膜做棚膜的简易小拱棚栽培,虽然成本较低,但其增温早熟效应则远不如棚体大一些的小棚,而且通风管理难度大,比较费工,故有条件的应提倡少用或不用简易小拱棚,而采用较高较大的小拱棚,以便充分发挥其增温、防雨、早熟增产的效应。

三是目前各地的小拱棚栽培大多均采用半覆盖栽培方式,即在前中期外界气温较低时采用小拱棚覆盖,中后期外界气温升高后即撤棚改为露地栽培。这种只盖半个生育期的覆盖方式,从经济角度看很不合算,小拱棚设施的利用时间短,利用率也不高;同时,其保温、遮雨、早熟、稳产效应未能得到充分发挥。日本和我国台湾省西瓜小拱棚栽培全部采用全程覆盖的成功经验值得我们借鉴。实践表明,我国部分南方地区推广西瓜小拱棚全程覆盖栽培,其防雨、稳产效果极为显著。

2. 双膜覆盖栽培

西瓜双膜覆盖栽培,是发展较快的一种高效益早熟栽培方式,它用 0.03～0.015 毫米厚的地膜覆盖瓜垄,将瓜苗定植在瓜垄上,再用细竹竿或竹片、树条做成小棚架,在棚架上覆盖 0.1 毫米厚的农用薄膜,即形成双膜覆盖(图 6)。这种栽

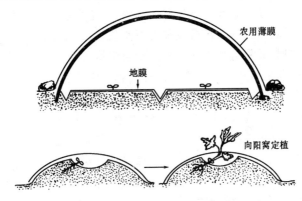

农用薄膜

地膜

向阳窝定植

图 6 西瓜的双膜覆盖栽培

培方式的特点是,既可利用地膜的保墒、增加地温,以保护和促进根系的发育,又可利用棚膜保护瓜苗地上部分,防止低温、寒风和轻霜冻,使幼苗在外界气温稍低的季节仍能在棚内正常生长。一般幼苗定植期可提早到终霜前 30 天左右,并能收到明显的早熟效果。通常双膜覆盖西瓜,可提前到 5 月下

旬至 6 月上旬采收,经济效益十分显著。其关键技术如下。

(1)提早育大苗 西瓜双膜覆盖栽培必须提早育大苗。双膜覆盖的育苗播种时期较早,如华北地区通常在 2 月中下旬播种,苗龄约 1 个月。在这段时间内,外界气温与地温均较低。因此,必须采用保温、增温条件比较好的温室、大棚或温床(电热温床、酿热温床或火炕式温床)育苗。播期较晚(3 月上旬)的地方,也可采用阳畦育苗。为了培育壮苗,石家庄市双星西瓜研究所的经验是采用干籽直播,这样长出的幼苗颜色深,茎粗壮,抗病性强,并节省工时;育苗期内要加强通风炼苗,控制温度,控制浇水。双膜覆盖的幼苗定植时期在 3 月中下旬,此时气候多变,定植须选择无风晴天上午进行。为了提早定植,可在瓜垄地膜下挖好向阳窝,幼苗平放定植在向阳窝内,这样幼苗的地上部分在地膜下生长,可以促进缓苗。

(2)加强覆盖期内的管理 幼苗定植后在小棚内的管理,前期重点是防止大风刮坏或刮开棚膜。中后期的重点是防止棚内高温烤苗,要随时注意通风。因为棚内温度高,水分蒸发快,易产生干旱缺水,故应及时沟灌。当外界气温稳定到 18℃时,可将棚膜及早撤除。但是春季气温多变,有时撤棚后还会有阴雨低温天气出现,为了确保其开花坐果,可以把棚膜拉到棚顶,四面通风,一旦遇雨或低温,可以重新覆盖棚膜,待果实坐齐后再撤棚撤膜。

(3)人工辅助授粉 小棚覆盖期内,外界气温不高,授粉昆虫活动较少,因此,必须采用人工辅助授粉,才能坐好果。

(4)适时采收 双膜覆盖西瓜成熟上市早,但果实发育期的平均气温略低于露地或地膜覆盖的西瓜,所以果实发育期天数略长一些。因此,要确切掌握成熟期,适时收瓜。

(5)争取结二茬瓜 由于双膜覆盖西瓜头茬瓜的采收季

节较早,此时到接后作或后套作中有一定的空闲季节可以利用,同时二茬瓜的采收季节又正值西瓜市场价格开始回升的阶段,因此,保护瓜秧不衰不坏,加强头茬瓜采收前后的肥水管理和病虫害防治,以夺取二茬瓜的丰收。

3. 小拱棚内套用简易小棚覆盖栽培

上海市郊及浙江省平湖、嘉善等地在发展西瓜早熟栽培初期曾采用小棚套简易小棚的双拱棚栽培方式,其关键技术如下。

(1) **品种选择** 应选择 84-24、郑杂 7 号、圳宝等早熟品种。

(2) **培育大苗** 采用大棚套小棚育苗床(图 7),通过两层覆盖,提高保温能力。在严寒期间还可于小拱棚上再覆草帘,以提高地温。据上海市金山县农科所测定,2 月 11 日地温可达 16.3℃,2 月下旬棚温达 13.7℃ 时,5 厘米深的地温为 22.4℃,此时,西瓜可以安全播种和出苗。

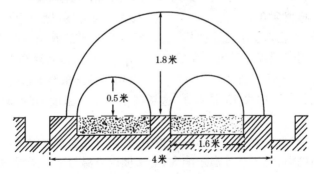

图 7 特早熟西瓜栽培苗床示意图

(3) **定植** 在头年冬季准备好瓜地,畦宽 4～4.5 米,东西向,两侧各种宽 1.2～1.5 米的早熟大麦,中间 1.5～2 米为预留瓜行,冬季开好排水沟,瓜行要耕翻 2～3 次以疏松土壤。早春每 667 平方米施优质猪圈肥 1 500～2 000 千克,过磷酸钙 15 千克,硫酸钾 15 千克或草木灰 75 千克,与土掺匀,上面再覆熟土,做成高出土面约 30 厘米的瓜垄,畦面再泼浇人粪尿,每 667 平方米 1 500～2 000 千克。移植前 1 周,当田间水分适宜时,捣松瓜垄表土并耙平,立即覆盖地膜,以提高地温(图 8)。

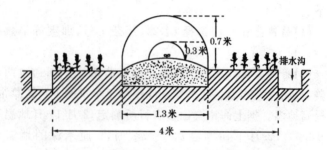

图 8　小拱棚内套简易小棚西瓜早熟栽培田间种植模式

移植期在 3 月上旬。定植后先搭好简易棚,棚上用地膜覆盖,再在瓜垄上搭小拱棚,上覆幅宽为 2 米的农用薄膜,棚架上用绳网固定防风。在瓜垄中央单行种植,株间距离约 75 厘米,每 667 平方米栽植 650 株。采用双行三角形定植时,瓜苗栽在各距中央 15 厘米处,这是利用小棚内温度、光照的最优位置。

(4)温度管理　小棚内体积小,利用日光能及保温措施来提高棚温,温度受外温影响大,上午棚内升温与下午降温均比较快,因此管理比较困难。3 月中旬定植时气温尚低,移植后 7～10 天要严密覆盖小拱棚和简易棚上的薄膜,以提高棚温,促进发根缓苗。当棚温达 30℃以上时适当通风。4 月初晴天中午应适当通风,降低空气湿度,增加光线的透过率,以提高幼苗素质,但阴天和夜间仍以覆盖保温为主。以后随着气温的回升,逐渐增加通风面和通风时间。气温稳定在15℃以上时拆除简易棚上的地膜。5月上旬,晴天时可将小棚两侧的薄膜向顶部卷起,此时若植株生长旺盛,夜间无须覆膜;如植株生育缓慢,则要继续覆膜,以促进生长。雨天应覆盖薄膜防雨。5月中旬全部拆除小拱棚的棚架和薄膜。

除正常的温度管理外,应随时注意防止夜间低温冷害及大晴天高温危害。在通风降温的同时,棚内湿度变化很大,一般在温度较低和棚膜密闭条件下湿度较高,当升温后增加通风量时湿度急剧降低,易伤害秧苗;因此,在连续阴雨天气放晴后,应在上午9时前揭膜通风,切忌在中午前后仓促通风而使幼苗失水伤苗。

(5)肥水管理 在4月中下旬以后拆除小棚时,可施用1次重肥,每667平方米施畜禽肥1500~2000千克,磷、钾肥各15千克,在瓜垄两侧距根约1米处开沟施入。4月上旬至5月上旬,天气晴好,对西瓜的生长十分有利,植株进入现蕾和开花坐果阶段,此时应注意保持土壤湿度,适当浇水。当头一批瓜有鸡蛋大时,施好膨瓜肥,一般每667平方米施1500~2000千克清水粪或猪尿,每100千克清水粪加尿素0.4千克,距根约1米处浇下,施肥浓度视土壤湿度灵活掌握,膨瓜肥应掌握先结先施与多结多施原则。

(6)人工授粉 开花坐果期在4月下旬至5月上旬,气温较低,昆虫活动很少,因此,应在主蔓第二朵雌花开放时期,每天上午7~9时进行人工辅助授粉,争取及早坐果,要求每667平方米坐果1000个,成瓜800个,单瓜重2.5~3千克,这样才能达到每667平方米产量2000~2500千克的指标。

(7)病虫害防治 除注意轮作,开沟排水,加强管理,以提高植株自身的抗病能力外,必须加强对病虫害的药剂防治。

(四)西瓜大(中)棚覆盖栽培技术

1. 大(中)棚覆盖栽培的误区

目前各地在大(中)棚西瓜栽培上最大的误区是盲目抢早。由于春季市场水果少,也是全年最缺瓜的季节,此时西瓜商品的季节差价大,提早几天上市瓜价将显著增加,对瓜农的刺激很大,因而出现盲目抢早现象,并采取一些不科学的早熟措施:①盲目提早播种,一般冬春茬大棚栽培的适宜播种期是在1~2月份,而有的瓜农却提早到上年的11~12月份,这样把西瓜生长的前中期置于一年四季中气温最低的季节,从而大棚的保温防风管理比较困难,坐果也很难;所结的果实果型小,产量低。②在西瓜果实发育后期,个别瓜农采取扣膜不放风的"高温闷棚催熟"法,促使瓜瓤转色变红,形似熟瓜,实际上此时果实内的糖分尚未充分转化,因此糖度低、口感差,严重降低了商品瓜的质量。③盲目使用激素。大棚西瓜栽培普遍存在低温坐果难的问题。各地的经验证明,科学合理地应用坐瓜灵类激素可以有效提高坐果率。但是有些瓜农盲目滥用激素,如温度正常时也使用坐瓜灵,使用的浓度过大,使用的次数过多。还有的盲目乱用其他激素,最终导致因降低商品瓜质量(商品外观差,口感品质差,安全质量差)而影响商品销售。

生瓜上市也是大棚西瓜生产上比较普遍的另一个误区。目前各地出现的生瓜上市一般不是技术失误所致,而主要是由于西瓜经销商的误导所致。瓜商收购时主要要求外观美、瓜果大,而对成熟度的要求不严,尤其在长途外运的西瓜上这个问题更为突出。

目前各地大棚西瓜生产上的主栽品种为京欣1号、84-24类优质早熟中果型品种和极早熟小西瓜品种。个别地方少数瓜农为了追求产量,采用了大果型品种和迟熟的无籽西瓜品种,结果产量虽然提高了,但效益均不如优质中、小果型品种。

大棚栽培西瓜除小西瓜适宜采用立式吊蔓栽培方式外,一般均采用爬地栽培方式。爬地栽培的瓜个大、产量高、管理又方便,而个别新瓜农试用新技术,采取立式吊蔓栽培,结果是瓜小、瓜多,产量是提高了,但商品质量下降了;既费工,效益又不好。

2. 大(中)棚覆盖栽培技术

大棚的顶部为拱圆式,两侧为慢坡式或立壁式。棚由支撑棚膜的拱杆和棚膜两部分组成,走向为南北向,结构为竹木搭建的简易棚,也有装配式钢管大棚。大棚的跨度、高度、拱肩高度与其保温、采光性能及土地利用率有密切关系,可根据当地气候条件和作物生长需要进行设计,在实际应用上以竹木结构大、中棚及镀锌钢管大棚最为普遍。

(1) 大(中)棚的种类和结构

① 大棚　跨度一般在10米或10米以上,高度1.8～2米,棚体较大,内部气流稳定,保温性能好。北方的光温条件好,故大棚的应用较多。

② 中棚　跨度一般在10米以下,通常为5～7米,高度为1.6～1.8米,长30～50米。中棚空间小,表面积和散热面较大,保温性能较差,但增温快,适于在江淮及南方地区应用。

③ 装配式镀锌管大棚　装配式镀锌管大棚是定型生产的骨架,结构强度高,防腐蚀性能好,节省钢材,管理方便。由于材料轻,容易装卸拆迁,中间无支柱,透光性能好,更适于西瓜栽培。但造价较高,一次性投资大。这类大棚有三种系列:

一是 GP 型系列。由中国农业工程研究设计院设计,安徽拖拉机厂制造,规格有 4 米×30 米、6 米×30 米、5 米×42 米和 10 米×66 米四种。二是 PGP 型系列。由中国科学院石家庄农业现代化研究所设计,石家庄建筑机械厂制造,有 5 米×30 米、7 米×50 米两种规格。三是 GG 型系列。由太原市蔬菜办公室、太原重型机械厂和山西农业大学等单位设计制造。据青岛市农业科学研究所试验,以两侧直立肩部较高的 GP-Y8-1 型(8 米×41.7 米×2.8 米)大棚最适于西瓜早熟支架栽培。

④ 简易钢管大棚　简易钢管大棚是苏南地区普遍使用的大棚类型,具有结构简单、用材省、造价低和易于自行加工等优点。如无锡市农机研究所和无锡市蔬菜局设计的 WX-6 型,跨度为 4～6 米,长度为 30 米,适合栽培西瓜。上海市农业机械化研究所设计的 P 系列,跨度有 4 米、6 米两种,也很实用。

(2)大棚性能

① 增温效应　北京地区 2 月上旬至 3 月中旬,棚内气温开始逐渐回升,3 月中下旬当外界气温尚低时,棚内最高气温可达 15℃～38℃,比露地高 2.5℃～15℃,棚内最低气温 0℃～3℃;4 月份棚温可高达 40℃以上,棚内外温差达 6℃～20℃;5 月份棚内温度可高达 50℃以上,如不及时通风会造成高温危害。在苏南地区,3 月中旬后阴天棚内气温高于外界 6℃～8℃,最低气温高于外界 2.3℃～5℃;3 月中旬土温比外界高 5℃～6℃。在大棚内加小拱棚和地膜覆盖,其保温效果更为显著。

大棚温度的日变化,在晴天或多云天气,日出之前出现最低气温,但较露地为迟,持续时间也短。日出后 1～2 小时内气温迅速上升,7～10时回升最快,最高棚温出现在12～13时,14～15时棚温开始下降。昼夜温差较大,晴天温差大于阴天,阴天棚内增温效果不显著,日温变化比较平稳。

大棚土壤增温缓慢,但比较稳定,增温效果优于小拱棚。3月下旬地温平均在12℃以上。4月上旬地温明显上升,棚内外地温差可达3℃～8℃,甚至10℃以上。6月棚内10厘米地温可达30℃以上,随着气温上升及作物生长而荫蔽地面,棚内地温差距逐渐缩小。

② 透光性 大棚的光照状况与季节、天气状况、大棚的方位与结构、覆盖方式与棚膜种类等有关。

大棚光照的垂直变化是顶部最高,向下逐渐减弱,近地面处最弱。据测定大棚棚顶的照度为61%,中间部位(距地面150厘米)照度为34.7%,近地面照度为24.5%。大棚的水平照度比较平衡,东西向(南北延长)大棚东侧光照强度为29.1%,中部为28%,西侧为29%,水平光差仅为1%。而南北向(东西延长)的大棚,南侧光照强度为50%,中北侧为30%,南北相差20%,不如南北延长的大棚光照分布均匀。塑料薄膜透光率,以透明无色膜、无滴膜为好,新膜透光率可达90%～93.1%,一经尘染或被水滴附着,透光率很快下降至73%～88%。此外,栽植方式、植株配置及管理也影响光的分布。

③ 湿度条件 塑料薄膜的气密性强,不透水,在密闭条件下,棚内空气湿度经常在80%～90%,夜间甚至达100%的饱和状态。大棚内空气相对湿度变化的规律是:棚温升高,相对湿度降低;棚温降低,则相对湿度升高;晴天有风时相对湿度低,阴雨天则相对湿度显著上升;春季大棚空气湿度日变化是日出后随棚温上升、作物蒸腾和土壤蒸发加剧,如不进行通

风,则棚内水气量(绝对湿度)大量增加,随着通风相对湿度下降;夜间温度下降,棚面凝结大量水珠,相对湿度往往达到饱和状态。大棚相对湿度达饱和状态时,提高棚温会降低湿度,当棚温为 5℃时每提高 1℃,相对湿度可下降 5%;在棚温5℃～10℃时,相对湿度可下降 3%～4%;棚温 30℃时,则相对湿度为 40%。

大棚土壤湿度较露地和温室为高,当空气湿度高时,土壤蒸发量少,土壤湿度大。夜间膜面积聚的水滴降落至地面,这种水分循环将使棚内地面潮湿泥泞,土壤板结,影响根系生长。但由于通风,土壤蒸发量较大,土壤深层往往缺水,故不能被这种假象所迷惑而忽视及时浇水。

④ 气体条件　作物进行呼吸需要充足的氧气,而进行光合作用需要二氧化碳。据试验,空气中二氧化碳浓度由0.03%提高到 0.1%时,光合作用速率可提高 1 倍以上,多数蔬菜和瓜类作物的二氧化碳浓度饱和点在 0.1%～0.16%之间。大棚密闭时二氧化碳浓度高于外界。在一天内,清晨通风前二氧化碳浓度最高,日出后随着光合作用的进行,二氧化碳含量逐渐降低,低于露地。据测定,下午 6 时关闭风口后,二氧化碳浓度逐渐增加,至晚上 10 时达 0.65 毫升/升,早上7 时日出前达 0.7 毫升/升,8 时后因随光合作用的进行降至0.24 毫升/升,至 8 时半随开窗通风又恢复到自然状态(0.3毫升/升)。

大棚气体成分中还有一氧化碳、氨气、亚硝酸、二氧化硫等有害气体,如氨气超过 0.005 毫升/升,就会使作物中毒,栽培过程中应注意避免。

(3)栽培技术关键

① 品种选择　应选择早熟、丰产、优质的品种。北京市

顺义区以京欣 1 号为主,江苏省东台市以抗病苏蜜为主,上海市南汇县与浙江温岭市以 84-24 为主。山东省潍坊市寒亭区、昌乐县曾以丰产的中熟品种为主,因中熟品种果型大、产量高。20 世纪 90 年代小西瓜品种开始在各地大、中棚中发展。

② 栽培季节　西瓜大棚早春栽培适宜 1 月下旬至 2 月上旬播种,3 月上中旬定植,5 月上旬开始采收。

③ 整地施肥　冬闲大棚应在冬前深耕 25 厘米,进行冻垡,使土壤疏松;若是利用越冬蔬菜大棚,应在定植前 10 天进行清园,并深耕晾垡和大通风,以降低土壤水分和使土壤松散。然后将基肥的一半全面撒施,翻入土中,整平后开沟集中施肥和做畦。

北方大棚内的做畦方式一般均采用小高垄和高畦。按行距 1～1.2 米做畦;按 1 米行距做小高垄,垄基部宽 60 厘米,垄面宽 40 厘米,垄高 10～15 厘米,垄沟宽 40 厘米。瓜行的方向,在匍匐栽培时,可用南北向畦(与大棚纵向平行)。南方则沿棚向做 2 个畦面宽为 2～2.5 米的高畦。

基肥用量一般每 667 平方米施优质厩肥 4 000～5 000 千克或腐熟鸡粪 3 000～4 000 千克,过磷酸钙 50 千克,硫酸钾 15～20 千克,腐熟饼肥 100 千克。底肥中的有机肥一半在全面耕翻时施入,另一半在丰产沟内施入。

④ 培育大苗,适时定植　大棚栽培必须提前培育 3～4 片叶的大苗。由于此时气温低,必须采用多层覆盖保温育苗或电热线育苗,苗龄 40～45 天。适时选晴天定植,华北地区在 3 月上旬 10 厘米土温稳定在 13℃以上,棚内最低温度 5℃以上时定植。

大棚栽培的种植密度较高。北方地区 3 蔓整枝时每 667

平方米栽 700～800 株,而二蔓整枝的每 667 平方米栽 1 000
株;安徽砀山、江苏东台、上海市郊同为 3 蔓整枝却种植较稀,
一般每 667 平方米栽 500 株左右,个别地方每 667 平方米栽
400 株或以下。

⑤ **温度、光照管理**　大棚栽培早期采用多层覆盖,主要
目的是提高保温性能,避免遭受寒潮侵袭。但多层覆盖削弱
了棚内的光照,同时也影响棚温的升高,在管理上应兼顾二者
的关系。

第一,缓苗期需较高棚温,白天应维持 30℃左右,夜间
15℃左右,最低不能低于 10℃,土温维持 15℃以上。夜间多
层覆盖,日出后揭除草帘,透明覆盖物由内而外逐层揭除,以
每揭一层农膜后以下一层膜内温度不降低为原则,依次适时
揭开。午后由内而外依次推迟覆盖,以延长光照时间。

第二,发棵期必须揭除草帘,同时揭开两层内膜以增加光
照,白天保持 22℃～25℃,超过 33℃时要通风。午后覆膜,以
第一层小拱棚内的最低温度保持在 10℃为准,温度较高时,
适当晚盖;温度低时,则稍提前,阴雨天还应提前。夜间全部
盖严,保持夜间气温在 12℃以上,10 厘米土温在 15℃。除适
时揭开覆盖物以调控温度外,还应加强通风,通风不仅是调控
温度的重要手段,而且也是降低空气湿气、提高透光率、补充
棚内二氧化碳含量、提高光合作用的重要手段。因此,从发棵
期就应开始通风,并逐渐加强。随着外界温度的提高和瓜蔓
的伸长,无须再多层覆盖,应逐步减少覆膜层次,首先拆除内
层,而后拆第二层、第三层。定植后 20～30 天当棚温稳定在
15℃时,可全部拆除大棚内的覆盖物。

第三,伸蔓期的营养生长,温度可适当降低,白天维持在
25℃～28℃,夜间维持在 15℃以上;开花坐果期则需要较高

温度,白天维持在 30℃～32℃,夜间相应提高。

⑥ **整枝** 西瓜大棚早熟栽培以匍匐式生长为主,整枝则以 3 蔓整枝较为普遍,如果栽植密度大,可以采用二蔓整枝,以增加早期结果数。至于留果节位,以主蔓或侧蔓第二雌花为宜,一般大致在第十五节至第二十节,长势旺盛的植株可以在低节位结果。

⑦ **肥水管理** 大棚早熟栽培的基肥用量大,一般结果前不必追肥。苗期如发生缺肥征状,可补施 1～2 次淡肥,但应注意避免降低土温。坐果后每 667 平方米施尿素 15～20 千克,硫酸钾和磷酸二铵各 10 千克,施用时防止大水漫灌。

⑧ **加强防病** 早春大棚栽培病害较轻,主要是炭疽病和白粉病。防治病害以控制湿度、加强通风等农业防治为主,适当选用药剂防治。

(4)大棚栽培配套技术

大棚栽培西瓜基本上在密闭条件下进行,冬季低温寡照,棚内光照条件差,温度偏低,空气湿度较高,影响西瓜生长。为了克服以上不利因素,可应用以下配套技术。

① **培育嫁接苗** 用葫芦做砧木嫁接苗较耐寒,可预防重茬大棚枯萎病的发生。

② **遮阳网技术** 遮阳网具有一定的遮阳和保温作用,可用于大棚前期保温和后期遮阳降温。

③ **滴灌技术** 滴灌可明显提高地温;可避免地表径流和渗漏,节水,保墒,保持土表良好的通气状态;可降低大棚内空气湿度,防止病害蔓延。通过滴灌施肥,可充分发挥肥效,减少用工。

滴灌软管由聚乙烯吹塑而成,通常有黑色、蓝色两种,直径 20～50 毫米,厚度 0.1～0.15 毫米,在软管上每隔 25～35

厘米打一对 0.07 毫米的滴水孔,支管用直径为 5.1 厘米的硬质塑料管。将塑料软管铺设在小高畦上,棚内布置采用单直式供水、南北向铺软管(图 9),铺单条的选用直径 50 毫米的软管铺放在两行植株的中间,软管与支管连接处及软管的末端要扎紧,以防止漏水。软管铺设后应通水检查滴水情况,滴孔向上,如正常即绷紧拉直,末端用木棍固定。然后覆盖地膜,这是软管滴灌的必要配套措施。软管滴灌是在塑料薄膜管上打孔,直接输水灌溉,无滴头,必须在软管上覆盖地膜加以保护。

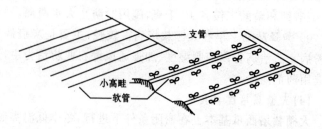

图 9   滴灌软管铺设示意图

④ 二氧化碳施肥   大棚内冬季气体交换少,空气中二氧化碳含量低,因而会不同程度地影响西瓜的同化效能,影响植株生长和产量形成。二氧化碳施肥是采用人工方法增加空气中二氧化碳浓度。

二氧化碳施肥的方法很多,较常用的是棚内增施(堆放)厩肥,在厩肥分解过程中可放出二氧化碳。其他如施干冰、燃烧天然气等均需一定设备,成本较高。一种简便实用的方法,即利用强酸和碳酸盐经化学反应产生碳酸,碳酸在常温下很快分解成水和二氧化碳气体,目前应用较多的是稀硫酸与碳酸氢铵反应,产生二氧化碳气体和硫酸铵。其化学方程式如下:

$$2NH_4HCO_3 + H_2SO_4 \rightarrow (NH_4)_2SO_4 + 2H_2O + 2CO_2 \uparrow$$

从反应式中可计算出 1 克碳酸氢铵加入到 0.62 克硫酸中,可生成 0.83 克硫酸铵、0.22 毫升水和 0.55 克的二氧化碳气体。硫酸铵可随水浇入土层中做肥料。

要计算每天所需碳酸氢铵和硫酸的用量,首先用经验公式:V〔大棚容积(立方米)〕=L〔大棚内部总长(米)〕×W〔大棚内宽(米)〕×H〔大棚后柱高(米)〕×0.776。依此计算出大棚的内部容积,再用碳酸氢铵(克)=V×P〔二氧化碳浓度(ppm)〕×0.0036,硫酸(克)=每日所需碳酸氢铵(克)×0.62计算出每天所需碳酸氢铵和硫酸的用量。

在生产中,可 1 次按 5～6 天的量称取硫酸,然后把硫酸稀释。水与硫酸的比例为 3:1,先在容器中放入适量的水,在搅拌的同时把硫酸缓缓倒入水中。千万不要倒得太急,否则水会沸腾,引起硫酸外溅伤及人身。碳酸氢铵的用量一般为每立方米容积 5～7 克。

在大棚内顺东西方向每隔 5～7 米放置 1 个塑料桶。因二氧化碳的比重比空气大,所以不能把桶放在地上,要用铁丝吊在棚架上,桶高度应稍高于棚内作物。桶内倒入稀释的硫酸(应该把所有稀释的硫酸均匀地放在所有桶中)。晴天,温室揭草苫后半个小时左右,往桶中分别放入碳酸氢铵。

据林燚(2000)的试验表明,大棚内二氧化碳施用浓度以600～1 000 毫克/千克为宜,苗期低些,成株期高些,晴天增施浓度高些,阴天低些。苗期真叶开展后增施,成苗定植后 1 周增施;晴天、阴天增施,雨雪天不施。冬季气温低,中午不揭膜通风,在上午 9 时后增施;如中午起膜通风,则于下午闭棚后施。

(5)浙江温岭大棚西瓜长季节栽培关键技术

浙江温岭市地处东南沿海,气候温暖,滨海平原轻碱黏土和钙质滩涂泥有利于西瓜生产。温岭市通过 5 年的反复实践总结出一套全程覆盖保护根系的长季节栽培技术体系,6月末的早期每 667 平方米产量 3 000 千克,以后分批采收 4~6 次,10 月结束,总产量达 5 000 千克以上。

①栽培过程　采用 84-24(早佳)品种,12 月至翌年 1 月上旬播种,培养 2~3 片真叶的健壮大苗。每 667 平方米施腐熟有机肥 1 000 千克,三元复合肥(N 15%,P_2O_5 15%,K_2O 15%,以下同)30 千克,过磷酸钙 25 千克,硫酸钾 15 千克做基肥,全面撒施翻入土中。平畦宽 6~7 米,中间开挖操作沟,沟宽 30 厘米,深 15 厘米,分成两个种植畦,各宽 2.5~3 米,四周排水沟宽 30~50 厘米,深 60~80 厘米。畦两边各留 25~30 厘米压膜,建高 1.8 米,跨度 5.5~6.5 米的大棚,覆盖 0.5~0.6 毫米厚的无滴膜。定植前 1 周,瓜畦上铺设简易滴灌管 1~2 根,再盖 0.014 毫米地膜。种植后,在棚内搭高 1.4~1.5 米、宽 4~5 米的中棚,覆盖地膜;栽后在种植畦上搭高 0.8 米、宽约 1 米的小拱棚,覆盖地膜,构成 3 层膜覆盖保温。

1 月下旬至 2 月上中旬定植,每 667 平方米栽 200~250 株(2.5~3 米×0.8~1 米),栽植穴居畦中部,随栽苗随施肥料液(水 750 升,三元复合肥 6 千克,磷酸二氢钾 1.5 千克,敌克松 1.5 千克)。缓苗期以保温为主,严密盖棚,内棚保持 30℃~35℃。缓苗后棚内保持 20℃以上,超过 30℃开始通风,午后 30℃时闭棚,阴雨天仍以保温为主,棚内夜温稳定在 15℃后可揭除小拱棚。

3 蔓整枝,坐果后放任生长,植株长势好,子房发育正常,以主、侧蔓第一朵雌花坐瓜。人工授粉促进坐瓜,幼果坐稳后疏瓜,每株保留 1 瓜。幼果如鸡蛋大时,每 667 平方米施三元复合肥 10 千克,硫酸钾 5~10 千克,以后每隔 7~10 天施 1 次,用量同上。第一批瓜采后每 667 平方米施三元复合肥 10 千克,硫酸钾 5～10 千克。并叶面喷施 0.2%～0.3%磷酸二氢钾液,每 667 平方米用量为 60～70 千克。幼果时施肥同上。以后每批坐瓜均按上法施肥,整个生长期间要注意防治病虫害。

② 长季节栽培的关键技术

一是全程覆盖保护根系。南方夏季高温梅雨造成夏季西瓜安全越夏困难,通过全程覆盖防雨保证了根系正常生长和吸收机能,从而可以安全越夏,延长生长季节;同时,也有效地防止多种叶部病害。

二是结果期间注意通风降温。把白天棚温维持在 30℃左右,夜温 20℃左右,以保证植株的正常生长和同化功能。严格禁用高温闷棚措施。

三是合理稀植与 3 蔓整枝。稀植可促进根系生长,增加根量和吸收范围,为延长生长季节打下良好基础。前期进行整枝,以建立粗壮的骨干蔓,增强叶片素质,以保证植株长势,为植株延长生长和持续结果创造条件。

四是轻施肥、勤施肥。长季节栽培的生长长达半年,在施肥上应采取轻施、勤施、连续施。坐果肥分 2 次施用,这样可提高肥料的利用率,除促进果实生长外,还可为维持植株长势、连续结果创造条件。同时应多次采用叶面施肥,以补充营养。

此外,要严格控制和防治病虫害。

(五)无籽西瓜栽培技术

我国各地推广应用的无籽西瓜均为三倍体西瓜。三倍体西瓜是以四倍体西瓜为母本、二倍体普通西瓜为父本杂交获得的三倍体种子。此种子生长后所结果实内无种胚,只有幼嫩的白色小种皮,故称无籽西瓜(见图10)。

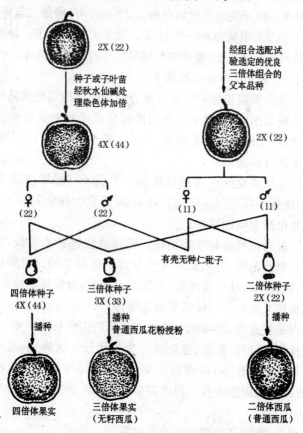

图10 三倍体无籽西瓜的形成

无籽西瓜是多倍体水平上的杂种一代,较普通西瓜品种间的杂交优势明显,表现长势旺,抗病性强,比普通西瓜增产30％左右,同时含糖量高,风味好,食用方便。因此,无籽西瓜深受生产者和消费者欢迎。

我国从 20 世纪 50 年代开始推广发展无籽西瓜生产,至今已发展成为世界上无籽西瓜第一种植大国,据不完全统计,目前全国无籽西瓜总面积已达 7 万公顷以上。由于无籽西瓜耐湿抗病性强,所以在阴雨多湿多病的南方地区发展最早、面积最大,当前的主产区有广西、湖北、湖南、海南、江西、河南、北京、安徽、山东、河北等省、自治区。目前,各地多以大果型中晚熟品种的露地地膜覆盖栽培为主,仅有少部分保护地(大棚)种植优质早熟品种。

1. 无籽西瓜栽培的误区

一是无籽西瓜栽培上最易出现的误区是育苗技术上的失误。有种瓜经验的瓜农,在初次接触无籽西瓜时,常沿用普通西瓜的育苗方法来育苗,结果十有八九都遭致失败,因他们没有掌握无籽西瓜的种子特点。首先,不嗑开种壳就催芽,由于种皮厚硬因此不易发芽,一般发芽率只有 10%;其次,催芽过程中浸种时间太长、湿度太大,由于无籽西瓜种子的种胚小、种腔孔隙大而易于积水而造成烂籽;其三,因种胚小发芽势弱,种皮厚硬,故幼芽出苗时常常带壳出土,如不及时去壳或去壳方法不当,易造成伤苗损苗。

二是无籽西瓜生产上另一突出误区是坐不住果。无籽西瓜植株伸蔓后,长势迅速转旺,进入坐果期前后田间管理(肥水与整枝)稍有不慎极易造成植株徒长而坐不住果。当然,也有因人工辅助授粉工作不到位(授粉时间与方法不当)而影响坐果的原因。

三是各地无籽西瓜大多均为露地中晚熟栽培,一般均沿用普通西瓜的一次瓜栽培技术,这样就发挥不了它抗病、抗湿能力强、长势旺、延续生长结果能力强而适宜进行多次瓜栽培的特点。一般在一次瓜采收时茎叶仍然健康旺绿,故应继续加强田间管理,以充分发挥其增产潜力。

2. 无籽西瓜生育特点与栽培关键技术

(1)无籽西瓜生育特点 无籽西瓜的生长发育规律大体上与普通西瓜相同。但是,它在生长发育与开花结果等方面具有特有的形态特征和生理特性,因而形成了独特的生育特点,只有掌握好这些生育特点,才能种好无籽西瓜。一般认为,无籽西瓜的技术性强、种植难度大,其实不然,只要掌握其特点,就可以种好。无籽西瓜的生育特点,主要有以下3点:①种皮厚而硬,种胚发育不良,种胚贮藏的物质少,因此,种子发芽困难,发芽率低;幼苗出土慢,易带壳出土,小苗期(二叶期前)生长缓慢并要求较高温度,因而育苗困难。②雄花不孕,雌花孕性低,因而植株本身自交不实,无籽西瓜采种量低。③植株中后期生长旺盛,抗逆性强,增产潜力大,管理得好可获得优质丰产;如管理不当,对坐果和商品瓜质量会有一定影响。

(2)无籽西瓜栽培关键技术

① 育苗困难问题及其解决办法

一是发芽率低的原因及其解决办法。无籽西瓜种子发芽率低的原因主要有4点:第一,种皮厚,种胚弱。其种皮厚度约为普通西瓜的1.5倍;种脐部分更厚,约为普通西瓜的2倍,不易吸水变软,妨碍种芽萌发,且种胚不充实;多畸形(子叶折叠或缺损),发芽无力。第二,种胚不充实,种内空腔比普通西瓜种子大,在浸种催芽过程中种子吸水率高,空腔积水,易造成湿度过大,引起烂种。第三,发芽温度比普通西瓜高$3℃\sim5℃$,温度偏低时发芽缓慢,发芽势弱。第四,采种方法不当,如种瓜采收过早,种子尚未充分成熟,种子淘洗前进行发酵酸化处理;淘洗种子时,未去除浮在水面上的轻籽、小籽等,均会降低无籽西瓜种子的发芽率。

针对上述原因,采用破壳、控湿、高温快速催芽法,即可有效解决发芽率低的问题。人工破壳是提高无籽西瓜发芽率简便有效的方法,破壳后发芽率一般比不破壳的提高3~4倍。控湿是缩短浸种时间(2~3小时)或不浸种,以免因湿害而降低发芽率;催芽要控制发芽床和催芽包的湿度,加水要比普通西瓜少,使其湿度适当,通气良好。也可只破壳、不浸种,行干籽直播育苗,这样可少用种子,提高发芽率。高温快速催芽法,是把催芽温度提高到32℃~35℃,加速种芽出壳,减少养分消耗。若沿用普通西瓜的催芽法,无籽西瓜种子的发芽率只有10%~20%;而采用上述综合措施处理,其发芽率可提高到90%以上。

二是成苗率低的原因及其解决办法。无籽西瓜成苗率低的主要原因有两点:第一,易带壳出土,影响幼芽生长。第二,幼芽出土后,小苗(二叶期前)纤弱无力,对育苗条件要求严格,温度要稍高,湿度要适宜,一旦遇到低温等不良条件便引起生长缓慢,容易夭折。针对上述原因,及时去壳及改善育苗条件,即能提高成苗率。其去壳措施为:播种深度要适宜,尽可能使幼苗自行脱壳出土;如果播种太浅,幼苗带壳出土,则要及早(早晚种皮软湿时)小心将壳去掉,以保证子叶及时展开和正常生长。改善育苗条件,就是采用电热温床或火炕温床、酿热温床,实施温床育苗,加强前期苗床的温、湿度管理,确保幼苗的健康生长。在特定条件下,露地直播也可以解决成苗率低的问题,如华北地区在春季(4月份)采取地膜覆盖、晚直播大芽种子的办法,则成苗率也比较高。

② 雄花不孕与雌花孕性低的问题及其解决办法 无籽西瓜的雄花不孕,不能用自身的花粉授粉,而必须混植普通西瓜,以提供可孕花粉进行自然授粉或人工授粉。授粉品种应

选用与无籽西瓜皮色不同的品种。授粉品种种子的大小,能影响到无籽西瓜白秕籽的大小,一般宜选种子小的普通西瓜品种为授粉品种。

授粉品种的配置方法,自然授粉的可按比例隔行种植,通常无籽西瓜与授粉品种的比例是 4:1。授粉品种的抗病性差,混栽往往形成发病中心,或由于昆虫活动少,授粉不充分,影响结果,故应提倡成片栽植无籽西瓜,授粉品种另外单独种植,开花期集中采集授粉品种的雄花,统一供给无籽西瓜生产田进行人工辅助授粉。授粉品种的生育较早,应比无籽西瓜推迟 1 周播种。

雌花孕性低是无籽西瓜采种量低的主要原因,这是无籽西瓜生产发展的主要限制因素。四倍体孕性低,是其自身的固有遗传特性,难以从育种上得到根本性解决。但是,栽培上的综合措施可有效地提高采种量,各地普遍采用选择环境条件适宜的地区(如新疆等西北干燥地区)和适宜的生长季节进行种植,合理密植,增施磷、钾肥等综合措施,可显著地提高无籽西瓜的采种量。现在,每公顷最高采种量,南方地区可达60 千克左右,华北地区达 75 千克以上,新疆地区甚至可达150 千克左右。

③ 植株中后期生长旺盛容易影响坐果和商品瓜质量的问题及其解决办法 无籽西瓜中后期生长旺盛,在生产上常会碰到以下一些问题:一是开花前后,因植株生长过旺而造成坐果困难,这可以采取过早(从伸蔓后期开始至果实坐稳达鸡蛋大小前止)严格控制肥水和轻整枝等措施加以解决;坐果期如发现生长过旺,可采用拉蔓、曲蔓、捏劈坐果部位茎蔓等辅助办法抑制顶端生长。二是膨瓜期适时适量保证大肥大水供应,可有效提高无籽西瓜的产量和质量;施肥可随水施入,

也可采用叶面喷施;如果综合技术措施运用得当,则可以做到多次结果,发挥增产潜力。

无籽西瓜品质不稳定,主要表现在果形不正、皮厚空心、无籽性不良。果形不正的出现与选用组合不当、坐果节位不相宜、雌花授粉不完全以及施肥整枝不合理等有关,可以选用不易出现畸形的圆果形品种,如黑蜜 2 号等。坐果节位应选在主蔓第二十至第二十五节上;人工授粉要周到、均匀;自然授粉时,授粉品种的比例要适当增大;施肥、浇水、整枝等应适时适量,以保证果实正常发育。发生厚皮瓜、空心瓜的原因与果实发育不良、气温偏低、光照不足、天旱地干等因素有关;品种与种植土壤不合适,如适于黏性土壤中栽培的品种栽在沙性土壤中,就会发生瓜瓤崩裂而形成空心;低节位坐果也会出现厚皮空心。因此,可通过延后播种期,使果实发育期处于温光条件较好的季节,注意选用对土壤适应性好的品种,选择较高节位坐果等技术措施,以解决这些问题。

无籽性是无籽西瓜最重要的经济性状。然而,有的无籽西瓜果实中有外观、颜色、大小与正常种子一样种皮坚硬的空壳籽粒,即着色秕籽,少则几粒,多则几十粒;有些果实中虽未出现着色秕籽,但白色秕籽多而大。影响无籽性状的因素主要有 4 个:一是与亲本和组合情况有关。父、母本的种子大小与其杂交后代三倍体西瓜果实内白色秕籽的大小有关,尤其是母本四倍体的籽粒大小的影响更为明显;双亲都是小籽粒的,对三倍体西瓜果实的无籽性状有利;不同的组合出现着色秕籽的情况亦相同;着色秕籽的出现,也与亲本是否为纯系有一定的关系;为了提高无籽西瓜果实的无籽性状,应选用出现着色秕籽少的组合,采用小籽粒四倍体品种和高度纯系的亲本。二是与授粉品种有关。试验证明,以小籽粒品种授粉时的果实着色秕籽较少,白色秕籽也较小;用大籽粒品种授粉时,着色秕籽较多,白色秕籽较大,因此,应选用小籽粒品种做授粉品种。三是与坐果节位有关。高节位(第二十五节以上)果实无籽性状比较好,着色秕籽少;低节位上的果实无籽性状差,着色秕籽多,尤以主蔓上第一朵雌花结的果更为明显,因此,应选留中高节位(主蔓上第三至第四节雌花)结果为好。四是与磷肥施用过多有关。磷肥能促进白色秕籽发育,故应控制磷肥用量。

(六)嫁接西瓜栽培技术

1. 嫁接西瓜栽培的误区

一是选择砧木不当。虽然前人研究结果表明,瓠瓜、葫芦与西瓜嫁接亲和力强,是西瓜嫁接栽培上比较理想的砧木用种,但我国各地的地方品种比较多,而品种间的嫁接效果也有一定差别,故应选用经过试验比较后正式选出的品种,才比较安全可靠,不宜任意随地拿来就用,以免造成不必要的损失。前人研究结果证明,南瓜不同品种间的嫁接效应差别很大,有的品种与西瓜的嫁接亲和力很低,有的品种嫁接后对西瓜的品质影响很大。任意选用未经严格筛选、试验的南瓜品种和盲目选用早已明确不适宜的黑籽南瓜是当前砧木选择中的主要误区。

二是嫁接苗的管理不到位。其主要表现:嫁接苗在苗床内的前期(嫁接后 5～7 天)管理达不到正常管理要求。正常管理的要求是：苗床内的湿度要高、温度要适宜、光照要弱(遮光)和及时除萌(砧木上生出的不定芽)、断根(靠接插接的接穗根或顶插接的接穗不定生自根)。

三是近期有些地区的嫁接西瓜生产出现了植株急性凋萎

的生理性病害,对嫁接西瓜生产威胁很大。发生这种生理性病害的直接原因至今尚不清楚,但据观察分析可能与某些技术失误有关,如砧木选择不当,劈接或靠接较顶插接易发病,整枝过度抑制了根系生长,苗床内弱光、低温高湿时易发病等,其防治方法应从源头上重视抓好各项有关基础工作和关键工作,否则发病后再治就很困难了。

2. 西瓜嫁接栽培技术

枯萎病是西瓜生产的大敌。瓜田一旦发生枯萎病,轻者减产,重者全田绝收。当前主要采用农业综合防治措施,特别是轮作倒茬,限制了西瓜地的安排,致使老瓜地无法连续种植,影响了建立稳定的西瓜生产基地。利用葫芦、南瓜根系具有抗枯萎病的特性,把西瓜苗嫁接在葫芦等砧木上,可以有效地防止枯萎病的发生,从而使西瓜的连作成为可能。

西瓜嫁接在葫芦、南瓜砧木上,改变了原来的特性,特别是生长前期,由于砧木的吸肥力强,可节省苗期的施肥量,与未嫁接西瓜相比,葫芦砧少施肥 25%,南瓜砧少施肥 30%~40%。嫁接苗提高了西瓜耐低温的能力,加速前期生长,可增产 17.3%~58.1%,这对前期生长缓慢的无籽西瓜的增产效果更为显著,四倍体 1 号嫁接苗可增产27.2%~92%,蜜宝无籽西瓜嫁接苗可增产 57%。

(1)对砧木的要求 砧木应具备抗枯萎病能力,与接穗西瓜的亲和力强,使嫁接苗能顺利生长结果,并对果实的品质无不良影响;还要求嫁接时操作方便。各地试验和实际应用的砧木均以葫芦和南瓜为主。它们具有以下 4 个优点。

① 亲和性 葫芦嫁接后的亲和性较高,品种间无大差异,有稳定的亲和力。南瓜的亲和性较差,品种间表现差异很大,故应筛选亲和力较强的品种。

② 共生亲和力　实践表明,用不同葫芦品种做砧木的嫁接苗,在西瓜生长发育过程中表现正常,共生亲和力强。南瓜砧的嫁接苗,部分植株表现黄化、缩叶、枯死等不正常现象,共生亲和力差,有时死株率达 30% 以上。

③ 生长势和抗病性　南瓜砧西瓜嫁接苗的生长势较葫芦砧的强,抗枯萎病的能力亦较强,在生长盛期很少发生生理性凋萎;而葫芦砧的嫁接苗,有时会发生生理性凋萎。

④ 产量和品质稳定　长葫芦、圆葫芦砧木嫁接西瓜的产量比自根苗增加 30% 以上,比南瓜砧嫁接西瓜的产量稳定。葫芦砧对果实瓤质风味与品质无不良影响。南瓜砧嫁接西瓜的果实瓤质较硬,在中心部出现黄块,间有异味。

(2) 砧木的选择　当前,作为西瓜砧木的种类主要是葫芦和南瓜的不同品种。比较而言,葫芦砧的不同品种与西瓜有稳定亲和力,嫁接苗长势稳定,坐果稳定,对西瓜品质无不良影响,但抗病性不是绝对的;而南瓜砧的不同品种与西瓜的亲和力差异很大,多数品种发生不同程度的共生不亲和现象,故应筛选亲和力强的专用品种,但其长势强、抗病,对西瓜品质有一定的影响,用它做砧木时应慎重。以下介绍几个常用的砧木品种。

① 瓠瓜　又称扁蒲、夜开花。各地均有地方品种,栽培较普遍。果实长圆柱形或短圆筒形,皮绿色或白色,瓜蔓生长旺盛,根系发达,吸肥力强。用它做西瓜砧木亲和力强,植株生长强健,结果率高而稳定,耐低温,耐湿。福建省长乐市地方品种葫芦瓠下胚轴粗短,易嫁接,成活率高,可有效地克服早春低温、阴雨等不利因素。

② 华砧 1 号　俗称瓠子,是中、大果型西瓜品种的优良砧木。果实长圆柱形,生长势强,根系发达,吸肥力强,亲和力

强,嫁接易成活,很少发生嫁接不亲和株。嫁接苗耐低温,耐湿,适应性强,对西瓜品质无不良影响。该砧木由合肥华夏西瓜甜瓜研究所育成。

③华砧2号 是小型西瓜的优良砧木。果实圆梨形,植株长势稳健,根系发达,下胚轴粗短,嫁接操作方便,嫁接亲和力强。耐低温,耐湿,耐瘠。坐果稳,可促进早熟,对西瓜品质无不良影响。该砧木由合肥华夏西瓜甜瓜研究所育成。

④重抗1号瓠瓜 嫁接成活力高,在重茬地未发现枯萎病。其主要特性是根系发达,胚茎粗壮,枝叶不易徒长,有利于嫁接作业,嫁接亲和力强。嫁接苗粗壮,伸蔓迅速,坐果节位较低,果实膨大快,果型较大且不影响果实品质。该砧木由山东省潍坊市农业科学院育成。

⑤新土佐 是笋瓜与中国南瓜的种间杂交种。由日本选育。普遍用作西瓜、甜瓜的专用砧。其主要性状是生长强健,分枝性强,吸肥力强,耐热。蔓细具韧性。叶心形,边缘有皱褶,叶脉交叉处有白斑。果皮墨绿,具浅绿色斑,有棱及棱状突起。果圆球形,肉橙黄色,种子淡黄褐色。新土佐砧西瓜嫁接苗亲和力强,较耐低温,可提早成熟,增加产量。但在高温下易患病毒病。

⑥勇士 台湾农友种苗有限公司育成的野生西瓜一代杂种。其主要性状是抗枯萎病,生长强健,在低温下生长良好。嫁接西瓜亲和力良好,坐果稳定,西瓜品质、风味与自根一样。肉色好,折光糖含量较稳定。种子大,胚轴粗,嫁接操作较容易。嫁接苗初期生长慢,但进入开花结果期生长渐趋强盛,不易衰老。

青岛市农业科学研究院新技术开发中心新选育的"青研砧木1号(F_1)"高抗西瓜枯萎病,亲和力强,成活率高,下胚轴粗,不易空心,对西瓜产量无不良影响。

(3)嫁接方法　按秧苗的状态,可以分为子叶苗嫁接和成苗嫁接,以子叶苗嫁接为主。嫁接方法有顶插接、劈接、靠插接等。顶插接操作方便,成活率高。其嫁接方法是:先用刀片削除砧木的生长点,然后用竹签(粗度与接穗下胚轴相近,削成楔形,断面半圆形,先端渐尖)在砧木切口斜戳深约1厘米的小孔,取接穗于子叶节向下削成长约1厘米的楔形面,插入砧木的孔中即成(图11);接穗的子叶方向应与砧木子叶一

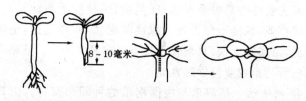

8～10毫米

图11　西瓜顶插嫁接方法示意图

致,利用砧木子叶承托接穗;砧木苗以真叶出现时嫁接为宜,南瓜砧中腔出现早,宜小些,葫芦砧则可适当大些;西瓜接穗苗以子叶充分开展时嫁接为宜。为使砧木和接穗适期相遇,砧木种子应提前5～7天播种,出苗后移植于钵中,并于砧木移植的同时播种经催芽的西瓜种子,7～10天后嫁接。顶插接适用于葫芦砧,砧木和接穗均应培养下胚轴粗壮的健苗,以提高成活率。接穗不带自根,应加强管理,以免接穗凋萎,影响成活。

(4)嫁接苗的管理　精心管理嫁接苗,是取得成活的关键。嫁接后最初5天的环境条件对接口的愈合和促进嫁接苗的生长影响很大。其管理要点如下。

①温度　刚嫁接的苗白天温度应保持26℃～28℃,并应遮光防止高温;夜间覆盖保温,温度保持在24℃～25℃。随

着嫁接苗的成活,3~4 天后逐步降低温度;1 周后白天温度保持 23℃~24℃,夜间 18℃~20℃,土温 24℃。定植前 1 周降至 13℃~15℃。

② 湿度 把接穗的水分蒸腾量减少到最小程度,是提高成活率的决定因素。嫁接前 1~2 天要充分浇水,嫁接后密闭塑料棚,使空气湿度达到饱和状态,不必换气。经 3~4 天嫁接苗进入融合期,这时既要防止接穗凋萎,又要让嫁接苗逐渐接触外界环境,可在清晨、傍晚湿度较高时换气,并逐渐增加通风时间和通风量,10 天后按一般苗床管理。

③ 遮光 嫁接苗最初几天,应于苗床上覆草苫遮光,以免高温和直射光引起接穗凋萎;2~3 天后在早上、傍晚除去覆盖物,以接受散射光,逐渐增加见光时间,1 周后只在中午前后遮光,10 天后恢复到一般苗床管理。遮光时间过长,会影响嫁接苗的生长,在管理中应认真细致,合理调控。

④ 除萌 砧木在嫁接时虽切去生长点,但在子叶节仍可萌发不定芽。这些不定芽生长迅速,常与接穗争夺养分,影响嫁接苗的成活。因此,要随时切除这些不定芽,以保证接穗的正常生长。除萌操作要注意不损伤子叶或松动接穗。

(5) 嫁接苗大田栽培要点

① 缩短苗龄 从嫁接开始到成活需要一段时间,因而延长了苗龄。若砧木根系衰老,将影响嫁接苗的成活和前期生长,为此,应提高嫁接技术,创造适宜的环境条件,以保持砧木的根系活性,缩短苗龄;其次,应选择根系不易老化的砧木,如葫芦砧。

② 适当稀植 嫁接苗分枝能力强,种植密度应较自根苗为稀。一般每 667 平方米栽 300~400 株,并应采取多蔓整枝。

③ 适当减肥 砧木根系发达,吸肥力强,地上部生长势旺

盛。根据砧木种类可适当减少施肥量,以防止徒长,提早坐果。

④ **避免接穗自根**　嫁接苗接穗如发生自根,则失去嫁接的作用,定植时接口一定要露出土面,并覆盖麦草,防止发生不定根。嫁接苗定植后,仍需随时除去砧木上萌发的不定芽,以保证接穗的生长和避免降低品质。

⑤ **防病**　西瓜通过嫁接栽培能预防枯萎病,但如忽略茬口安排,缩短轮作周期,会增加疫病和炭疽病的发生。因此,西瓜嫁接栽培仍应采用综合性农业防病措施,并及时使用农药防治,以减轻病害。

(七)小西瓜栽培技术

1. 小西瓜栽培的误区

(1)有些瓜农用种植大西瓜的方法来种植小西瓜　其主要表现:为了追求大果,采用密植、少蔓整枝(2~3 蔓整枝)、留单果或少留果、留瓜部位稍远等方法,但种植效果却比稀植、多蔓、多果的差;在田间管理上,为了争取丰产盲目施大肥浇大水,既浪费了肥料,又易造成植株徒长、坐不住果和发生裂果。

(2)未能根据不同栽培方式灵活选用适宜品种和种植方式　小西瓜品种绝大部分(如早春红玉、小兰、红小玉等)均为优质皮薄易裂品种,因此,一般均不宜在难于控制雨水的露地条件下种植,而适于在易于控水的保护地内栽培,但是,少数皮硬耐裂品种(如黑美人等)则完全可以在露地进行安全生产。由于小西瓜适于稀植、多蔓、多果栽培,因此,在棚体较矮小的中、小棚内种植时,应采用爬地栽培方式最为适宜;而在棚体较高大的大棚内种植时,则采用立式吊蔓、密植、少蔓(2~3 蔓)、较少留果的种植方式。但少数瓜农缺乏经验,未能按不同的栽培方式选用相应的品种和种植方式,故生产效益差。

2. 小西瓜栽培技术

小西瓜又称袖珍西瓜、迷你西瓜。发育正常的果实,单瓜重为 1～2 千克。小西瓜肉质细嫩,纤维少,折光糖含量高达 11% 以上,口感鲜甜,品质极佳,便于携带,是一种高档礼品瓜,深受消费者欢迎。

小西瓜的生长发育特性与普通西瓜有所不同。掌握小西瓜的特性,采取对应措施,才能提高产量。

(1) 小西瓜的生育特性

① 苗弱,前期长势较差   小西瓜种子较小,千粒重为 30.8～37.5 克。种子贮藏养分较少,出土力弱,子叶小,幼苗生长较弱。尤其早播幼苗处于低温寡照的环境下,更易影响幼苗生长,长势明显较普通西瓜弱,影响雌、雄花的分化进程,表现为雌花子房很小,初期雄花发育不完全、畸形,花粉量少,甚至没有花粉,影响正常授粉、受精及果实的发育。

由于苗弱,定植后若处于不利的气候条件下,幼苗期与伸蔓期植株生长仍表现细弱,但一旦气候好转,植株生长则恢复正常。小西瓜分枝性强,易坐果,多蔓多果。如不能及时坐果,则容易出现徒长。

② 果小,果实发育快   小西瓜果实发育较快,在适宜的温度条件下,从雌花开花至果实成熟只需 20 多天,较普通西瓜早熟品种提早 7～10 天。但在早播早熟栽培条件下,所需天数则远较表 1 中的数字为大,头茬瓜(5 月中旬采收)需 40 天左右;气温稍高时,二茬瓜(6 月中旬采收)需 30 天左右;其后的气温更高,只需22～23 天即可采收。小西瓜果皮较薄,在肥水较多、植株生长势过旺或水分不均匀等条件下,容易引起裂果。

表 1　小西瓜与普通西瓜雌花开放至采收所需天数和积温比较

项　　目	果　形	温暖期 （天）	凉　期 （天）	所需积温 （℃）
大果型	圆　　形	30～33	40～45	1000
	长　　形	35～38	45～50	1000
小果型	圆　　形	20～22	28～30	600
	长　　形	25～27	30～35	700

③ **对肥料反应敏感**　小西瓜对氮肥的反应比较敏感。氮肥过多,容易引起植株营养生长失调而影响坐果。因此,基肥的施用量较普通西瓜应减少 30%左右,而嫁接苗的施用量可减少 50%。由于小西瓜果型小,养分输入的容量小,可以采用多蔓多果栽培,对果实大小的影响不大。

④ **结果周期不明显**　小西瓜因自身的生长特性和不良栽培条件的影响,前期生长较差。如任其结果则受同化面积的限制,果个很小,而且严重影响植株的生长。随着生育期的推进和气候条件的好转,其生长势得到恢复,如不能及时坐果,较易引起徒长。因此,前期不仅要防止营养生长弱,而且要使其适时坐果,防止徒长。植株正常坐果后,因其果小,果实发育周期短,对植株自身营养生长影响较小,故持续结果能力较强。同样,果实的生长对植株的营养生长影响不大。小西瓜的这种自身调节能力,对于多蔓多果、多茬次栽培和克服裂果十分有利。可见,小西瓜结果的周期性不像普通西瓜那样明显。

(2) 栽培季节　小西瓜生育期较短,结果周期性不明显,果实发育快,这些特性更适合于早熟和多季栽培。在覆盖保温、防雨条件下,1 年可栽培多季,主要是冬春早熟栽培(包括大、中棚覆盖,小拱棚覆盖栽培)、夏季栽培、早秋栽培和晚秋栽培。每茬都有各自适宜的播种期,以早春大棚栽培的播种期最为严格,其他各茬播种期不甚严格,可根据前茬作物腾茬时间提前或推后(图 12)。

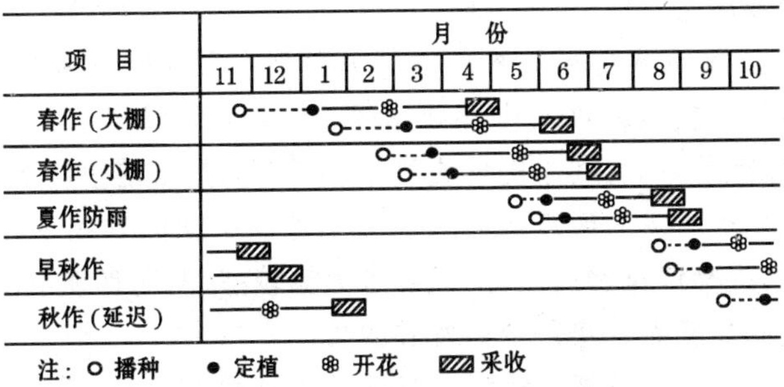

项　目	月　份											
	11	12	1	2	3	4	5	6	7	8	9	10
春作(大棚)												
春作(小棚)												
夏作防雨												
早秋作												
秋作(延迟)												

注:○播种　●定植　⊛开花　▨采收

图 12　小西瓜作型及其生长进程

小西瓜大棚早春茬栽培的播种期相差很大,早的在 11 月中下旬,迟的在翌年 2 月份,现有逐年提前的趋势。多年实践经验表明,早春大棚最适播种期在 1 月下旬至 2 月上旬,2 月下旬至 3 月上旬定植大苗(3 叶 1 心),充分利用 3～5 月份降水相对较少、光照充足的光热有利条件,5 月中旬开始采收。该季植株生长好,果型大,产量高,栽培管理容易,成功的把握性比较大。过早播种,采收期虽可相应提早,但苗期较长;在气温最低、光照严重不足的条件下,幼苗生长过弱,雌花花蕾小,雄花发育不良,早期果型小,因而早期产量不高;同时,早期保温、增光十分困难,盲目早播,成功的把握不大。

小拱棚覆盖早熟栽培适宜的播种期为 2 月下旬,3 月中下旬定植;栽植时,在畦面临时加搭宽约 50 厘米、高 30 厘米的简易棚,覆盖农膜保温,可提早到 6 月上中旬始收。此法成本低,效果好,容易推广。

(3)小西瓜栽培技术要点

① 覆盖防雨栽培 覆盖防雨栽培是针对小西瓜果皮薄、容易裂果的特性采取的必要措施。对于一些果皮韧性大、不易裂果的品种,如黑美人,可行露地栽培。有些地方利用旱季露地栽培,但有一定的风险。

② 爬地栽培和支架栽培 小西瓜可采用爬地栽培和支架栽培。爬地栽培对中棚要求不高,便于前期多层覆膜,保温、保湿性好,有利于提早成熟,成本较低,是当前生产上的主要栽培形式。支架栽培可以提高土地和空间的利用率,增加密度,提高产量和商品性,但要求大棚较高,前期管理不便,成本略高。支架栽培是今后发展的方向。

③ 稀植、多蔓、多果 小西瓜适合稀植,留多蔓多次结果。小西瓜推广初期多进行爬地栽培,大棚跨度 4～4.5 米,分筑 2 个高畦,平均行距 2～2.5 米,株距 33～50 厘米。每 667 平方米栽苗 600 株左右,轻整枝或不整枝。随着栽培技术的提高,种植密度有变小的趋势,每 667 平方米宜栽 400～500 株,而整枝的方式则改为多蔓(4～5 蔓)整枝,即减少株数,增加单株蔓数。

上海市南汇区用 4.5 米跨度大棚栽培小西瓜,行距 2.25 米,采用 4 蔓整枝,株距 66 厘米,每 667 平方米栽苗 450 株;采用 5 蔓整枝,株距 78 厘米,每 667 平方米栽苗 380 株。

小西瓜整枝方式有两种:一是 6 叶期主蔓摘心,子蔓抽生后保留 3～5 条生长相近的子蔓,使其平行生长,摘除其余的子蔓及坐果前子蔓上形成的孙蔓,这种整枝方式消除了顶端优势,保留的几个子蔓生长比较均衡,雌花着生部位相近,可望同时开花和结果,果形整齐。二是保留主蔓,在基部保留 2～3 条子蔓,构成 3 蔓或 4 蔓式整枝,摘除其余子蔓及坐果前发生的孙蔓,这种整枝方式,使主蔓始终保持着顶端优势,主蔓雌花出现较早,可望提前结果,但这种整枝方式影响子蔓的生长和结果,结果参差不齐,影响产品的商品率,同时增加了栽培管理上的困难,可能引起部分裂果。

④ 施肥、灌水   小西瓜一般肥料用量较普通西瓜减少1/3左右,施用量过多坐果困难。早熟栽培在浇底水时每667平方米施长效有机肥1 500千克,过磷酸钙25千克,三元复合肥30千克的基础上,头批瓜采收前原则上不追肥、不浇水。若水分不足,应于膨瓜前适当补充水分。头批瓜大部分采收后,第二批瓜开始膨大时应进行追肥,以钾、氮肥为主,同时补充部分磷肥,每667平方米施三元复合肥50千克,在根的外围开沟撒施,施后覆土浇水。第二批瓜大部分已采收、第三批瓜开始膨大时,按前次施用量和施肥方法追肥,并适当增加浇水次数。由于其植株上挂有不同批次的果实,而植株自身对水分和养分的分配调节能力较强,因此裂果减轻。

⑤ 促进坐果   小西瓜适宜坐果节位是主、侧蔓第二、第三雌花。低节位坐果果形变短。冬春栽培的苗期处在低温寡照条件下,花芽分化不良,雄花畸形,花粉少或无花粉,影响授粉结果,这是当前小西瓜早熟栽培上普遍出现的问题。解决此问题的方法:一是育苗期间,白天保持较高的温度,夜间应保持一定温差,以有利于花芽正常分化;二是提前播种少量在低温弱光下花芽分化正常的西瓜如87-14品种,以供授粉之用。部分瓜农应用坐瓜灵等激素促进坐果,但施用生长调节剂应正确掌握其浓度和处理方法。

根据植株的生长势留果。生长势旺时,可利用低节位雌花留果;相反,则推迟留果节位。至于留果数目,同一批瓜如留瓜愈多,果型愈小,且果型大小不一。一般每株留2～3个果为宜,并应适当疏果。当头批瓜生长 10～15 天以后,再结二批瓜,对二批瓜生产的影响不大。

⑥ 其他管理 小西瓜在简易覆盖条件下栽培,空间小,瓜蔓伸展有限。因此,理蔓、压蔓、剪除老叶和病虫害防治显得更为重要,要精心做好这些工作,使瓜蔓合理分布,提高同化效能。

⑦ 采收 小西瓜果型小,从雌花开放至果实成熟所需时间较短,在适温条件下较普通西瓜提早 7～8 天。早熟栽培果实发育期气温较低,头批瓜(4 月份前)仍需 40 天左右,二批瓜(5 月中旬前)需 30 天左右,第三批瓜(6 月份以后)只需22～25 天。采收前的气候条件与瓜的品质有关,温度高,光照充足,则瓜的品质优良;反之,则品质下降。采前白天温度应控制在 35℃,夜间通风,温度控制在 20℃～25℃时的西瓜品质好。果实的成熟度应根据开花后天数推算,并可剖瓜观察确定。提前采收,将严重影响品质。特别是黄肉品种,适度成熟及时采收,可减轻植株负担,有利于下一批瓜的膨大。

(八)西瓜的间作套种栽培技术

1. 西瓜间作套种栽培的误区

一是主、套作物的生长未能很好地协调和平衡。其具体表现:品种搭配不当,一般前作应选早熟品种,后作宜选中晚熟品种;未能适期播种、定植,种早种晚均不适宜;两种间套作物间的空间搭配不合理,为了通风透光,两种间套作物应以一高一低搭配最为理想,如前套麦类作物或后套玉米,二高或二低作物套种,则会增加两种作物间的争光争肥矛盾,不利于作物的正常生长。

二是农区种瓜在实行瓜粮间套作时,少数农民存在"重粮轻瓜"或"重瓜轻粮"的倾向。一般来说,农区均是以粮食生产为主体,当地各级领导和农民都十分重视搞好粮食生产,因此,在进行瓜粮间套作过程中,尤其是在田间管理上出现二者有矛盾时常会发生只抓粮食不顾西瓜管理的现象;反之,也有少数农民单纯为了追求增加经济效益而出现有"重瓜轻粮"的偏向,只顾西瓜管理而放松了对粮食作物的管理。农区实施瓜粮间套作的原则是在搞好粮食生产的前提下,同时搞好西瓜生产,以增加农民收入。各地瓜粮间套作的成功经验表明,只要科学合理地抓住关键技术,搞好瓜粮间套作管理,实现瓜粮双丰收是完全可以做到的。

2. 西瓜间作套种栽培技术

(1)西瓜间作套种方式

① 前期套种在越冬的麦类、油菜作物行间　利用西瓜幼苗期生长比较缓慢的特性,春季把幼苗定植在麦类、油菜作物预留行间,两种作物的共生期为 20～30 天,待麦类、油菜收割后,加强管理瓜苗,基本上不影响西瓜的生长。

② 后期套种玉米、大豆等作物　西瓜坐果后在畦面开穴点播玉米或大豆,此时西瓜藤叶生长基本停止,玉米与西瓜共生期为 20 多天,待西瓜采收后及时割除瓜蔓,培育套作的玉米。

③ 与高秆的玉米间作　在瓜畦两侧间作玉米,二者同步生长,共生期长。由于二者的株型不同,形成了高低错落的复合群体,叶层分布合理,通风透光,提高了光能利用率。

④ 与生姜、百合等耐阴作物间作　在生姜、百合的畦间间作西瓜,由于这两种间作物叶系少,叶型小,耐阴,而西瓜爬地生长,占地范围广,叶面积大,后期对生姜、百合有一定的遮荫效果,起到了互补作用。

⑤ **与晚秋作物复种**　在生长季节较长的地区,西瓜生长结束后有充裕的时间安排秋作,如秋玉米、萝卜、大白菜等;在生长季节较短的地区,西瓜采用育苗等早熟栽培措施,其后复种秋大豆、向日葵等作物。

(2)麦、瓜、稻间作套种模式　长江中下游是我国的主要水稻产区,西瓜生产发展势必影响当地粮食的稳定增长,为解决这个矛盾,科技工作者根据各地的栽培制度和茬口形式以及生态条件,总结出了一套粮食与西瓜合理间作套种的耕作制度,概括起来就是麦(大麦、小麦)、油菜→瓜→晚稻模式。这种模式使西瓜生产得到迅速发展,促进了耕作制度的改良,提高了农业生产潜力。

具体方法是,上年秋季大(小)麦播种时,预留瓜行。当年春季在麦类成熟前,将用营养钵育成的西瓜苗,移栽到麦田预留行内,待西瓜成熟后,再种一季晚稻。大麦、小麦10月下旬至11月上旬播种,翌年5月中下旬成熟;西瓜3月下旬播种育苗,4月下旬移栽,6月下旬至7月中旬采收;晚稻6月上中旬播谷育秧,7月下旬至8月初栽插,10月下旬至11月上旬收割。三季合计每667平方米产粮食约500千克,西瓜2500千克。在麦、瓜、稻套种模式的基础上发展演变为油菜→西瓜→晚稻、蚕豆(草籽)→瓜稻、麦瓜+玉米(大豆)→晚稻等多种形式。

华北冬麦区,生长季节较短,广泛应用麦瓜套种方式,小麦于10月下旬至11月上旬播种,种植条带宽170～300厘米,窄条带播小麦2耧6行或宽条带播3耧9行。窄带种1行西瓜,宽带种2行西瓜,留80厘米宽的瓜路。西瓜每667平方米产量约2500千克,小麦每667平方米产量200～250千克。在麦瓜套种的基础上发展演变成麦→西瓜+玉米(大豆)、棉→瓜(花生等)间套种方式(图13)。

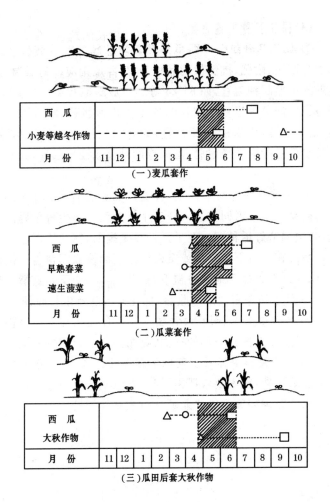

西　瓜													
小麦等越冬作物													
月　份	11	12	1	2	3	4	5	6	7	8	9	10

（一）麦瓜套作

西　瓜													
早熟春菜													
速生菠菜													
月　份	11	12	1	2	3	4	5	6	7	8	9	10

（二）瓜菜套作

西　瓜													
大秋作物													
月　份	11	12	1	2	3	4	5	6	7	8	9	10

（三）瓜田后套大秋作物

图 13　北方瓜田套作类型

△播种　○定植　□收获

▨共生期

(3) 间作套种关键措施

① 优化品种组合　西瓜早熟栽培的越冬前茬套作物应以生育期短、耐肥、抗倒伏的品种为宜;西瓜则应以耐低温、易结果的早熟品种为宜,如84-24 等。一般露地栽培,可选择小麦、蚕豆、油菜等生育期较长的越冬作物为前茬,西瓜则选抗病、耐湿、丰产优质的品种为宜,如 87-14、浙蜜 3 号等品种。后茬水稻品种应选择耐肥、耐低温的籼型或粳型品种,如威优64。

② 调节好播种期　西瓜、棉花均为春播作物,套作共生后期极易产生二者同步进入旺盛生长期而引起生育矛盾。因此,必须调节好播种期。西瓜播期尽量提前,棉花播期适当延迟。西瓜在 3 月下旬直播或定植幼苗于简易双膜覆盖小拱棚内,或 4 月初直播于地膜空盖下;棉花于 4 月中下旬直播于瓜垄上,6 月上旬左右西瓜采收后,棉花进入旺盛生长时期。

③ 合理配置主、副作的种植位置　合理配置主副作物的种植位置,可发挥其有利的一面,克服其相互影响的一面。

④ 农事操作要抓紧　麦瓜稻栽培茬口紧,在栽培上应照顾到前后作物,技术要求严格,如小麦收割后应抓紧西瓜的管理。田间管理如施肥等要兼顾针对主副作物的影响。

五、西瓜病虫害防治技术

（一）西瓜病虫害防治的误区

一是各地瓜农比较普遍存在"重治不重预防"的错误认识。但是，有些病害如病毒病、枯萎病等一旦发病蔓延后就难于甚至无法控制。因此，必须转变错误观念，实行"以防为主，防治结合"的原则，才能做好病虫害防治工作。

二是一般瓜农均重视化学药剂的防治，而不重视或不了解综合防治、农业防治、生物防治等的防治效果和作用。

三是有些瓜农平时不注意病虫害的发生和早期防治，到了病虫害发生严重时才着急打药。其实，早期防治十分重要，它不仅容易防治，而且防治效果也好，还省工、省钱，降低成本。因此，瓜农应随时注意观察病虫的发生情况，一旦发现中心病（虫）株就应及早打药，以全面贯彻"治早、治了"的科学原则。

四是少数瓜农错误认为，打药次数越多、打药浓度越高，防治效果就越好，在施药时不按照说明书的要求去做，结果达不到防治效果，甚至还会产生反效果，同时也造成了不必要的浪费。有的瓜农为了能一次彻底治虫，常常采用无限加大农药浓度甚至使用剧毒农药，这种严重违反无公害生产要求的行为，应该坚决杜绝。

五是许多瓜农对西瓜的各种病害认识不清，对有些传染性病害与某些生理性病害难于辨别，而在尚未确诊之前随意用药是很危险的，因此，必须对症下药才会有效。故在发病初期应及时请当地植保专家或按书本上介绍的技术认真鉴别，务必确诊后才能打药防治。

（二）西瓜病虫害综合防治技术

防治西瓜病虫害，必须认真执行"预防为主、综合防治"的植保方针。"预防为主"就是在西瓜病虫害发生之前采取措施，把病虫害消灭在发生前或初发阶段。"综合防治"是从农业生产的全局和农业生态系的总体观点出发，以预防为主，充分利用自然界抑制病原菌和创造不利于病原菌发生危害的条件，有机地使用各种防治措施，即以农业防治为基础，根据西瓜病虫害的发生发展规律，因时、因地制宜，合理运用化学防治、生物防治等措施，经济、安全、有效地控制其危害，同时把可能产生的副作用减少到最低限度。

1. 农业防治

农业防治就是利用综合农业技术措施来控制、避免或减轻西瓜病虫害发生。它一方面创造西瓜最适宜的生长发育条件，另一方面创造不利于病原生长、发育、繁殖和传播的条件，使病原物不能完成其侵染，或中断侵染循环，制止病害的发生和蔓延。

（1）选用抗病品种与无病菌种子　选择抗病品种是最经济有效的防病措施，西瓜病害种类较多，当前抗多种病害的西瓜品种不多，因此，只能选择对主要病害如耐重茬的品种为目的。其次是选用健株上采收的种子，进行种子消毒，以杜绝因种子带菌而感病。

（2）轮作　轮作防病是由于每种西瓜病原物都有一定的寄生范围，当有关寄主不存在时，病原物就逐渐死亡。轮作的对象和年限以病菌的寄主范围和土壤中存活年限来决定，如西瓜蔓枯病在旱地的存活期为 3～6 个月,炭疽病菌的存活期为 9～12 个月,因此,旱地只需隔年轮作,就可收到很好的防治效果。西瓜枯萎病菌在土壤中虽可存活 5 年以上,但只需实行水旱轮作 3 年,旱地轮作 5 年,即可明显减轻发病。应提倡集中种植,分区轮作,可减少病害的传播。

(3)翻耕、灭茬　翻耕可把遗落在土壤表面的西瓜病残体和病原物埋入土中,加速其分解和腐烂,使潜伏在病残体内的越冬菌加速死亡,或使其不能萌发而失去侵染作用。深翻对西瓜炭疽病菌、蔓枯病菌防效明显。西瓜菌核病的菌核翻入10 厘米以下土层内,第二年就不能萌发而死亡。翻耕由于土表温度变化剧烈,加之阳光直射和干燥,也可使病原物失去其生活力,降低侵染力。

(4)田园清洁　清除田间和附近杂草,减少病源和虫源。田园清洁,一是把初发病的叶片和病株及时摘除或拔去;二是西瓜收获后,把遗落田间病株残体集中烧毁或深埋,减少下一个生长季的病害,这对蔓枯病、炭疽病等多种病害初侵染源的清除有重要作用;三是清除瓜田附近杂草对防病虫有重要意义。

(5)合理施肥　合理施肥是指农家肥与无机肥以及氮、磷、钾三要素肥料的合理相结合;磷、钾肥有利于西瓜植株机械组织的形成,可提高植株的抗病性。各种畜禽粪和土杂肥带有大量的病原物,必须堆制经高温腐熟后才可施用,避免把虫卵和病菌带到大田,杜绝因肥料带菌而引发病虫害。

(6)培育无病健苗　采用无病培养土、床土消毒及苗床防病等措施,避免因幼苗带菌而引起发病。

(7)嫁接防病　西瓜枯萎病菌一般不侵染其他瓜类作物,因此把西瓜嫁接在葫芦、南瓜等砧木上,利用其他瓜类根系达到防枯萎病的目的。

(8)加强田间管理 从开沟排水、覆盖地膜、合理追肥,增施磷、钾肥,沟灌时不漫过畦面等,以提高植株抗病能力。在整枝、压蔓、人工辅助授粉时,应防止操作过程中传播病害。

(9)调节土壤酸碱度 酸性土壤有利于大多数病菌生长。南方对酸性土壤每 667 平方米施石灰 100 千克、草木灰 1 500～2 000 千克,可以调节酸碱度。山东德州每 667 平方米撒施草灰 150～200 千克、干炉灰 1 000～2 000 千克,既调整了土壤酸碱度,又增加了钾肥,还有一定的杀菌灭菌作用。

2. 药剂防治

药剂吸收快,防治效果好,使用方便,不受地区和季节的限制,是综合防治病虫害的重要环节。药剂防治应掌握以下几点。

(1)选用的农药要有针对性 对症下药才能发挥药效,最好选用同时能防治几种病害的农药,如多菌灵、托布津对叶片炭疽病、疫病均有防治效果。

(2)贯彻防重于治的方针 防病是根据药剂的有效期定期喷药,起到预防的作用。治病则应早发现,早治疗,把病虫消灭在初发阶段,防止扩大蔓延,以节约用药,减少污染。因此,应经常检查,发现中心病(虫)株,及时用药。盛发期则应重点防治,如南方梅雨季节炭疽病发展迅速,则应增加喷药次数,采取雨前防病,雨后治病,增加药液浓度及喷药量,才能控制。

(3)掌握正确的用药浓度 过稀药效低,过浓造成药害而影响植株生育。一般前期浓度低些,生长的中后期浓度高些。此外,应掌握正确的配制方法,如波尔多液防治炭疽病效果很好,有效期较长,但配制不当易造成药害,或喷洒困难。

(4)轮换使用农药 防治一种病虫害,经常使用一种药剂,会降低防治效果,而交替使用几种农药,可避免病虫产生抗药性。

(5)农药、化肥混用 提倡杀菌剂、杀虫剂与氮、磷肥及微量元素混用,达到既防治病虫,又增加植株的营养,一举两得。如中后期用托布津、敌百虫、尿素或磷酸二氢钾,每隔 7～10 天用 1 次,对于防病治虫、防止早衰有显著效果。混用时应注意药品的性质,以免相互影响效果。

(6)安全用药,减少污染 施药人员应戴口罩、防风镜、手套等防护用品,并顺风喷药,配制和使用应严格按操作规程操作,防止事故发生。禁止使用剧毒农药,结果期停用残效期长的农药,以防污染损害人体健康。

3. 生物防治

生物防治就是以虫(菌)防治作物病虫害。生物防治可以减少农药污染,是绿色食品生产防治病虫害的重要途径,因而受到广泛关注。西瓜生物防治主要有拮抗微生物和布丛枝菌根两种应用方法。

(三)西瓜的主要传染性病害及其防治

1. 猝倒病

猝倒病是西瓜苗期的主要病害。在床温较低、湿度大时发生严重。

(1)病状与发病规律 苗期在根颈基部近地面处出现水渍状病斑,接着变褐色干枯收缩,病苗子叶尚未萎蔫,看上去与健苗无异,后因基部腐烂而猝倒。有时幼苗出土前就感病,使子叶变褐腐烂,造成缺苗。本病发展很快,开始只见苗床中个别苗发病,几天后即以此为中心蔓延,幼苗成片猝倒。在高温多湿条件下,被害幼苗病体表面及附近土表布满一层白絮状的菌丝体。

病原体是一种藻状菌。病菌的腐生性很强,可以在土壤中长期存活,尤其在富含有机质土壤中存在较多。病菌随病株残体遗留在土壤中越冬,或在腐殖质中腐生过冬。土壤温度低,湿度大,有利于病菌的生长与繁殖,当土壤温度在10℃~15℃时病菌繁殖最快。在长期阴雨、苗床温度低、通风不良、光照不足、湿度大的综合条件下,西瓜猝倒病发生严重。

(2)防治方法 ①苗床严格选用无病新土、河塘泥或多年未种过瓜类和蔬菜的土壤作为床土。②土壤消毒。播种前2~3周,每平方米用福尔马林500毫升加水2~4升浇床土,覆膜闷4~5天,揭膜后2周待药液挥发后播种。或用80%"402"2 000倍液,敌克松1 000倍液浇床土,每平方米浇2~4升。③苗床设在地势较高处,控制苗床浇水,采用覆盖细土,增加通风等措施,降低苗床湿度。④发现病株,及时拔除,防止蔓延。并用64%杀毒矾400~600倍液,或58%雷多米尔400~600倍液,或75%敌克松原粉1 000倍液,或25%瑞毒霉500~800倍液,或40%乙磷铝300倍液,或58%甲霜灵·锰锌可湿性粉剂1 000倍液喷洒,1周后再喷1次,可有效防治。⑤大田定植后发病,每株可用7%敌克松1 000倍液0.25升浇注根部及周围土壤,以控制病害的发生。

2. 立枯病

该病在低温高湿条件下易发生,通常在春季与猝倒病同时发生,但没有猝倒病严重。

(1)病状与发病规律 初发病时,在幼苗下胚轴基部出现椭圆形褐色病斑,子叶白天萎蔫,以后病斑逐渐凹陷,发展到绕茎1周时,病部缢缩干枯,整株枯死,不倒伏,呈立枯状,以此与猝倒病相区别。

立枯丝核菌侵染后致病。真菌性病害,病菌腐生性强,以菌丝或菌核在土壤中或病残体中越冬。在土壤温度较高(13℃～42℃)、湿度大、幼苗徒长、根系发育不良的情况下发病较重。

(2)防治方法 同猝倒病防治方法。

3. 枯 萎 病

枯萎病又称蔓割病,是西瓜的主要病害之一。全国各地均有发生,该病在西瓜苗期至结果期都能发生,但以结果始期为盛发期。到目前为止,尚无理想的农药防治。

(1)病状与发病规律 苗期发病,苗顶端呈失水状,子叶萎垂,茎基部收缩、褐变、猝倒。成株发病,植株生长缓慢,下部叶片发黄,逐步向上发展。发病初期白天萎蔫,早、晚恢复,数天后全株凋萎枯死。检查病蔓基部,可见表皮纵裂,有树脂胶状物溢出。有时纵裂处腐烂,致使皮层剥离,随后木质部碎裂,因而很易拔起。湿润时,病部表面出现粉红色霉状物。发病初期,切断病蔓基部检查,可见维管束褐变阻塞,妨碍水分上升,从而引起茎叶凋萎。

病原是半知菌。病菌在土壤中越冬。病菌在离开寄主的情况下,可存活10年以上。附着在种子表面的病菌,有时也能越冬。病菌经过家畜的消化道,仍能保持生活力。因此,厩肥也可带菌。病菌通过根部的伤口或根毛的顶端入侵,先在寄主的细胞间隙繁殖,后从中柱深入木质部,再向地上部扩展。该病潜育期的长短与入侵的部位有关。由根部入侵,发病较快;而由地上部入侵,发病较慢。影响发病的因素主要是温度和湿度,8℃～34℃均可发病,以24℃～32℃为侵染的最适温度。苗期则在16℃～18℃时发生最多,雨后有利于传播,因而在久雨遇旱或时雨时旱的气候条件下发病较多。在偏施氮肥引起徒长时,更易发病,施用新鲜厩肥由于带菌及发酵灼伤根部,均有利于发病。pH 值为 4.5～6 的微酸性土壤,有利于发病。

(2)防治方法 ①严格实行长期轮作,要求旱地 7～8 年,水田 3～4 年。②选用抗病品种和无病种子。③深沟排水,增施腐熟厩肥,控制氮肥,增施磷、钾肥,增强植株抗性。④以葫芦、南瓜、冬瓜做砧木嫁接换根栽培,是防治枯萎病的有效方法。⑤种子温汤浸种消毒。药剂浸种,用甲醛 100 倍液浸种 30 分钟,也可用 70%甲基托布津 100 倍液或 50%多菌灵 500 倍液浸种 1 小时,还可用 2%～4%漂白粉液浸种 30 分钟至 1 小时,洗净后播种。⑥土壤消毒。在播种或栽植前,用 50%多菌灵或 70%甲基托布津或 70%敌克松 1 份,加干细土 100 份配成毒土撒施,或施在种植穴内。每 667 平方米用药 1.25 千克。⑦药剂灌根。在发病初期用 40%拌种双 500 倍液,或 80%的"402"3 000 倍液,或 70%敌克松 1 000～1 500 倍液,或 50%代森铵水剂 1 000～1 500 倍液(苗期慎用),或 70%土菌消 700 毫克/千克溶液等药液灌根,每株灌 250 毫升,7～10 天灌 1 次,连续灌 3～4 次,可获得较好效果。⑧用敌克松或甲基托布津原粉 1 份加面粉 20 份与适量水调成糊状涂于茎基部。

4. 蔓枯病

蔓枯病,又称斑点病。危害西瓜叶、茎,尤以根颈部及瓜蔓分枝处受害最重。

(1)病状与发病规律 叶片受害时,最初出现褐色小斑点,逐渐发展成直径 1～2 厘米的病斑,近圆形或不规则圆形,其上有不明显的同心轮纹,多发生在叶缘。老病斑有小黑点,干枯后呈星状破裂。茎受害时,最初产生水渍状病斑,中央变为褐色而枯死,以后褐色部分呈现星状干裂,内部呈木栓状干腐。蔓枯病症状与炭疽病症状相似,其区别在于病斑上不发生粉红色的黏稠物,而是生有黑色小点状物。与枯萎病不同的是病势发展较慢,常有部分基部叶片枯死而全株不枯死,维管束不变色。

病原为子囊菌,以分生孢子及子囊壳在病体、土壤中越冬,种子表面亦可带菌。翌年气候条件适宜时,散出孢子,经风吹、雨溅传播危害。病菌主要通过伤口、气孔侵入内部。病菌在温度 6℃~35℃ 范围内均可侵入危害。发病的最适温度为 20℃~30℃。病菌在 55℃ 条件下 10 分钟死亡。高温多湿、通风不良的田块容易发病,在 pH 值为 3.4~9 范围内均可发病,但以 pH 值为 5.7~6.4 时发病最多。缺肥、植株长势弱有利于发病。

(2)防治方法 同枯萎病防治方法。

5. 疫 病

疫病又称疫霉病。西瓜疫病近年来有发展的趋势,一般在苗期和生长前期发生。蜜宝等黑皮品种的抗病性较差。

(1)病状与发病规律 疫病可以侵害西瓜的幼苗、叶、茎及果实。苗期发病,先在子叶上出现呈圆形的水渍状暗绿色病斑,病斑中央渐变成红褐色,基部近地面处明显缢缩,直至倒伏枯死。叶片发病,初现暗绿色水渍状圆形或不规则的小斑点,迅速扩大。湿度大时,软腐似经水煮,干时呈淡褐色,易干枯破碎。茎部受侵害后呈现纺锤状凹陷的暗绿色水渍状病斑,病部以上全部枯死。果实上呈现圆形、凹陷的暗绿色水渍状病斑,很快发展至整个果面,果实软腐,表面密生棉絮状白色菌丝。

病原菌是藻状菌,以卵孢子在土壤中、病株残体上越冬。翌年条件适宜时,病菌借风吹、雨溅、水淋传播。发病适宜温度为28℃～32℃,最高为37℃,最低为8℃。在排水不畅、通风不良的田块上发病尤重。长期阴雨,发病严重。

(2)防治方法 同枯萎病防治方法。

6. 菌 核 病

露地或设施栽培的西瓜均可发病,但以设施西瓜受害为重。从苗期至成株期均可被侵染。近几年来,西瓜菌核病有发展的趋势。

(1)病状与发病规律 主要危害瓜蔓和果实。瓜蔓染病初始,在主侧枝或茎部产生水渍状褐斑。在高湿条件下,病茎软腐,长出白色绵毛状菌丝,菌丝密集形成黑色鼠粪状菌核。病茎髓部遭破坏,腐烂中空或纵裂干枯。植株不萎蔫,病部以上叶、蔓凋萎枯死。果实染病多在收花部,先呈水渍状腐烂,并长出白色菌丝,后逐渐扩大,呈淡褐色,菌丝密集成黑色菌核。

由核盘菌属菌核病菌侵染引起。以菌核在土壤中或种子间越冬或越夏。菌核遇雨或浇水即萌发,产生子囊盘和子囊孢子。子囊孢子成熟后,稍受震动即行喷出,经风、雨、流水传播危害。先侵染老叶和花瓣,然后侵染健叶和茎部。发病适温20℃左右,适宜相对湿度85%以上。多雨天气,排水不畅、通风不良的田块发病重。

(2)防治方法 农业防治同枯萎病。发现中心病株时,及时用50%扑海因胶悬剂1 000～1 500倍液,或50%速克灵1 000倍液,或25%禾益1号胶悬剂800倍液,或50%黑灰净可湿性粉剂1 500倍液,或50%灰网可湿性粉剂1 000倍液,或25%扑瑞丰800倍液,或70%甲基托布津1 000倍液喷雾防治。

7. 炭疽病

炭疽病在各地普遍发生,特别在南方多雨地区发生尤甚。是影响西瓜稳产高产的主要病害,整个生长期均能发生,通常在 6 月中下旬或 7 月上旬雨季盛发。

(1)病状与发病规律 茎、叶、果实均可发病。叶片初现淡黄色斑点,呈水渍状,以后扩大成圆形病斑,褐色,外晕为淡黄色,干燥后呈褐色凹斑。蔓和叶柄受害时,初呈近圆形水渍状的黄褐色斑点,后呈长圆形的褐色凹斑。在未成熟的果实上,病斑初呈水渍状,淡绿色,圆形;在成熟果上,病斑初稍突起,扩大后变褐色,显著凹陷,上生许多黑色小点,呈环状排列,潮湿时其上溢出粉红色黏性物。幼果染病后多成畸形。

病原体是半知菌。病菌主要附着于寄主的残体上遗留在土壤中越冬。种子也能带菌。病菌依靠雨水或灌溉水的冲溅传病,故近地面的叶片首先发病。湿度大是诱发此病的主要因素,在持续 87%～95% 的相对湿度下,潜育期 3 天,湿度愈低,潜育期愈长,发病较慢。在 10℃～30℃ 温度下均能发病。湿度为 95%、温度为 24℃ 时发病最烈。

(2)防治方法 ①选用抗病品种。②轮作,深沟、高畦栽培,畦面覆盖,合理施肥,增施磷、钾肥,提高植株抗病性。③药剂防治。可选用 10% 世高 1 500 倍液,25% 阿米西达 1 500 倍液,70% 甲基托布津 800～1 000 倍液,50% 多菌灵可湿性粉剂 500～800 倍液,75% 百菌清可湿性粉剂 800 倍液,70% 代森锰锌可湿性粉剂 600 倍液,58 甲霜灵锰锌或 80% 喷克或 25% 瑞毒霉可湿性粉剂 500～800 倍液喷雾。④熏蒸消毒。大棚栽植前用硫黄粉 250 克加锯末 500 克,点燃密闭一夜熏蒸。发病后,每 667 平方米选用 45% 百菌清烟剂或 10% 速克灵烟剂 250 克熏蒸,防效更好。

8. 叶枯病

西瓜叶枯病在生长中后期发生,常造成叶片大量枯死,严重影响产量。近年来,该病有发展的趋势,在全国西瓜产区都有发生。

(1)病状与发病规律 发病初期,叶上长出褐色小斑点,周围有黄色晕。开始多在叶脉之间或叶缘发生,病斑近圆形,直径 0.1~0.5 厘米,有微轮纹,病斑很快合成大片状,致使叶片枯死。多雨时,该病发展很快,在果实膨大期瓜叶常变黑甚至焦枯,严重影响西瓜的产量和质量。该病与枯萎病不同之处是瓜蔓不枯萎,仅瓜叶枯死。

由链格孢属真菌侵染引起。病菌以菌丝体或分生孢子在土壤中或病株残体、种子上越冬,成为翌年初侵染的来源。分生孢子借气流传播,形成再侵染,病害很快传播蔓延。病菌在 10℃~35℃ 都能生长发育,多发生在西瓜生长中期,西瓜膨大期如遇连阴天气,病害最易发生,可使大片瓜田叶片枯死,严重影响产量。

(2)防治方法 同炭疽病。

9. 霜霉病

霜霉病除危害黄瓜外,也危害甜瓜和西瓜。在露地条件下,该病一般不造成危害。在保护地栽培条件下容易发病。

(1)病状与发病规律 霜霉病主要危害叶片,全生育期均可发病。子叶发病表现褪绿、黄化,形成不规则的枯黄病斑,最后子叶枯死。真叶发病先从下部叶片开始,沿叶片边缘出现许多淡绿色的水渍状小斑点,并很快发展成黄色的大病斑,病斑呈多角形。在潮湿条件下,病部背面形成紫褐色或黑褐色不规则病斑,表面有黑色霉层,被称为"黑毛",严重时植株自下而上干枯、死亡。

霜霉病是一种靠空气传播的真菌病害。病菌属藻状菌纲。病菌以卵孢子在土壤中越冬或在活寄主上寄生,从叶片表皮直接侵入危害,引起病害流行。气温 16℃~20℃,叶面结露或有水膜,是霜霉病菌侵染的必要条件。气温 20℃~26℃,空气相对湿度 85％以上,是霜霉病菌繁衍的最适宜条件。因此,气候忽冷忽热,空气潮湿,昼夜温差大,容易发病。

(2)防治方法 同炭疽病防治方法。

10. 白 粉 病

白粉病主要发生在西瓜生长的中后期。

(1)病状与发病规律 白粉病发生在西瓜茎、叶、花蕾上,以叶片受害最重,果实一般不受害。初期叶片正、背面及叶柄发生白色圆形的小粉斑,以叶片的正面居多,逐渐扩展,成为边缘不明显的大片白粉区;严重时叶片枯黄,停止生长。以后白色粉状物逐渐转为灰白色,进而变成黄褐色,使叶片枯黄变脆,一般不脱落。

西瓜白粉病由子囊菌侵入引起。病菌在遗留于土中的病株残体上越冬,也可在温室活体上越冬。病菌主要由空气和流水传播。分生孢子在 10℃~30℃ 的温度下发芽,而以20℃~25℃为最适宜。田间湿度大、温度在 16℃~24℃ 时,该病容易流行。植株徒长、枝叶过多、通风不良等有利于该病的发生。

(2)防治方法 ①农业防治。②定植前熏硫黄消毒。③药剂防治。可用 25％敌力脱乳油 500~1 000 倍液,或 30％特富灵可湿性粉剂 1 500~2 000 倍液,或 43％好力克 5 000 倍液,或 40％福星 8 000~10 000 倍液,或 80％成标 800 倍液,或 15％粉锈宁可湿性粉剂 1 000~1 500 倍液,或 45％硫黄胶悬剂 500 倍液喷雾。或用 10% 多百粉尘剂喷粉。

11. 细菌性果腐病(BFB)

细菌性果腐病是西瓜上新发现的病害。2002 年在海南省三亚等地育苗场严重发生。

(1) 病状与发病规律 西瓜、甜瓜在整个生长期间均受侵染,主要在幼苗、果实上发病。子叶张开时,病叶出现水渍状黄色小点,沿叶脉逐渐发展呈褐色坏死斑;随后侵染真叶,水渍状斑周围有黄色晕圈,病斑沿叶脉发展成暗棕色斑或不规则大斑。生长中期,田间湿度大,清晨有露水时,叶背病斑随处可见水渍状菌脓;严重时,正面也会出现,菌液干涸后呈灰白膜,发亮,叶片枯黄,病叶少脱落。瓜蔓、叶柄也被侵染。果实感病后,最初果皮上出现直径仅为几毫米的水渍状凹陷斑,近圆形;以后,病斑迅速发展,边缘不规则,呈暗绿色,渐呈褐色,数个病斑连成大斑,细菌则透过果皮侵入,果实腐烂。有的表皮龟裂,常溢出黏稠物,即透明琥珀色菌脓;严重时果实迅速腐烂,种子带菌。

病原菌主要在种子和土壤中的植株病残体上越冬,成为翌年发病的初次侵染源。田间瓜苗、其他葫芦科植物包括杂草,均为侵染源。病菌主要通过伤口、气孔入侵,借风力、雨水、灌溉水和昆虫传播,在嫁接过程中以工具接触传染。该病的流行条件:一是有病原菌存在,当前主要是种子带菌和疫区土壤带菌;二是要具备发病条件,高温高湿可引发该病的流行。嫁接苗床在高湿条件下,发病率高,死苗率高。值得关注的是,种子带菌可以远距离传播。因此,应从采种过程中切断侵染途径,加强检疫,从源头上防止传播和流行。

(2) 防治方法 ①加强检疫。地区间引种或调种必须严格检疫,禁止销售未经检疫的种子。②建立无菌种子基地。

制种田要相对集中,由专业技术人员根据病害防治规程,从播种到采收实施全程监控。③用于清洗种子的水源要清洁,洗净的种子要尽快干燥,以免病原菌在种子上大量繁殖。④对采种场所、器具、包装材料进行消毒。⑤用过氧乙酸或其商品索那来做种子消毒剂。将新采收的种子放入80毫克/千克过氧乙酸悬浮液中浸泡30分钟,杀死细菌,而后把种子冲洗干净。过氧乙酸腐蚀性强,操作时应使用防护用品,防止被灼伤。⑥与其他作物实行轮作,清除、烧毁田间病残体。⑦发病初期,喷14%络铵铜水剂300倍液,或77%可杀得500倍液。

12. 病 毒 病

病毒病,又称毒素病。近年西瓜病毒病有发展的趋势,是西瓜普遍发生的病害,发病严重的年份造成大幅度减产。

(1)病状与发病规律 病毒病可以分为花叶型、蕨叶型、斑驳型和裂脉型,以花叶型和蕨叶型最为常见。花叶型呈现黄绿相间的花叶,叶形不正,叶面凹凸不平;严重时病蔓细长瘦弱,节间短缩,花器发育不良,果实畸形。蕨叶型心叶黄化,叶片变小,叶缘反卷,皱缩扭曲,病叶叶肉缺失,仅沿主脉残存,呈蕨叶状。

病原为西瓜花叶病毒。病原的致死温度为50℃～60℃,体外存活期为5～6天。由蚜虫(瓜蚜、桃蚜)或接触传播。带毒昆虫在荠菜等杂草上潜伏越冬,翌年通过蚜虫传到西瓜植株上引起发病,田间操作如整枝、压蔓等也是传病的主要途径。高温、干旱有利于病害的发生。缺肥、生长衰弱的植株易感病。干旱、田间蚜虫盛发时,病毒病的发生加剧。

(2)防治方法 ①种子处理。用10%磷酸钠浸种20分钟,使种子表面携带的病毒失去活力。②适时早播,大苗移栽,定植期尽量避开有翅蚜迁飞高峰,减少病毒传播。③加强肥水管理。施足基肥,苗期轻施氮肥,增施磷、钾肥。当植株出现初期病状时,应增施氮肥,并灌水提高土壤及空气湿度,以促进生长,减轻危害。④清除杂草和病株,减少毒源。在整枝、压蔓时,健株和病株应分别进行,以防止接触传播。⑤及时防治蚜虫,尤其在蚜虫迁飞前要连续防治。⑥药剂防治。用2%菌克毒克300倍液,或5%菌毒清400倍液,或20%病毒A 500倍液,或病毒K 400倍液喷雾。

13. 根结线虫病

(1)**病状与发病规律** 发生在根部,侧根、须根较易受害。发病后,侧根或须根上产生瘤状根结,大小不等。解剖根结,病部组织有很小的乳白色线虫埋于其内,在根结上又可生出细弱新根;再度侵染后,形成根结状肿瘤,呈串珠状或鸡爪状。轻病株地上部分症状不明显,重病株地上部表现较矮小,生育不良,坐果困难,遇旱午间凋萎。幼苗期受侵害常死苗。

病原为线虫,成虫雌雄异形。幼虫呈细长蠕虫状,无色透明。

根结线虫以2龄幼虫或卵在土壤中越冬。存活1~3年。翌年,越冬卵孵化为幼虫,幼虫继续发育侵入寄主,刺激根部细胞增生,形成根结或瘤状物。4龄时交尾产卵,雄虫离开寄主进入土中很快死亡。卵在根结里孵化发育,2龄后离开卵壳,进入土中再侵染或越冬。

该病以病土、病苗及灌溉水传播,土温为25℃~30℃、土壤持水量为40%左右时发育快,10℃以下幼虫停止活动。沙质土壤或土质疏松,土壤含盐量低,有利于发病。连作地块发病重。寄主广,可危害黄瓜、冬瓜、丝瓜、辣椒、番茄、芹菜及桃、葡萄等多种作物。

(2)**防治方法** ①与禾本科作物轮作3年以上。②夏季前作拉秧后漫灌,覆膜高温 1 个月杀虫。③应用无病土、净肥、鸡鸭粪高温堆制后施用,不用猪粪。④药剂防治。每 667 平方米用 D-D 混剂熏蒸剂 20 升原液或用 80%二氯异丙醚乳剂 90～170 毫升 1 000 倍液施入瓜沟,覆盖熏蒸 7～14 天,而后在原沟栽瓜。每株用 90%敌百虫 800～1 000 倍液,或 3%灭线磷(米乐尔)300 倍液,或 0.6%灭虫灵 3 000 倍液 200 毫升浇根。

(四)西瓜的生理病害及其防治

西瓜的生理病害主要包括生理性病害与营养失调缺素症两个方面内容。

1. 生理性病害

西瓜生理性病害是指西瓜对环境因素不适应,导致生理障碍而引起的异常现象。在西瓜的生长过程中,由于气候不适或栽培措施不当,均可引起生理失调,使正常生长受到抑制,导致产量降低,品质变劣。同时,生理性病害常能诱发传染性病害的发生。因此,及时识别和防治生理性病害,是西瓜增产的重要环节。

当前,在设施栽培中,由于设施的保温、采光等性能差,或者管理不当,不能满足西瓜生育的基本条件,发生的生理障碍更为突出。生理障碍一旦发生,就难以控制,轻则延误生长季节,重则严重影响产量。因此,必须创造西瓜生长的适宜环境条件,避免生理性病害的发生。现将几种常见生理性病害介绍如下。

(1)幼苗叶缘白化

① 症状与病因　出苗后,子叶边缘和幼叶边缘失绿、白化,造成幼苗生长停滞。轻的可恢复生长,重的子叶和幼叶失

绿干枯,只保留生长点,导致僵苗,严重时幼苗干死。

造成白化苗的主要原因是低温伤苗,苗期通风不当,床温骤降伤苗。

② **防治方法** 适时播种,加强苗床的保温措施,保证白天床温在 20℃ 以上,夜间不低于 15℃。出苗期早晨通风不宜过早,通风量应逐步增加,不使苗床温度骤变而伤苗。

(2) 异 形 苗

① **症状与病因** 生长正常的西瓜苗子叶完整,大小一致对称,生长点舒展。异形苗是指子叶缺损(只有 1 枚子叶或子叶大小不一),生长点不能及时舒展而形成封顶苗,而后发生侧枝呈丛生状。

异形苗的病因:一是种子发育不完全,种胚不完备,这在三倍体无籽西瓜种子中最为常见,有相当比例的大小胚、折叠胚。二是种子不饱满或者是陈种,生活力低。三是种子在发芽过程中主根受机械损伤,由于西瓜根系再生能力差,幼苗根量很少,因而影响幼苗正常生长。四是幼苗生长点受损或受某些物质的刺激。瓜苗生长点受盲蝽象刺激后形成封顶现象。

② **防治方法** 一是育苗时选用饱满、生活力强的新种子,以减少异形苗、封顶苗的发生。二是改进营养土结构和营养条件,加强苗床管理。三是异形苗比例不高,移植时予以淘汰,不会给生产造成严重损失。对部分异形苗,通过加强管理,仍能使其恢复正常生长,可作为预备苗使用。

(3) 僵 苗

① **症状与病因** 僵苗在苗期和定植后均可发生,其主要表现是:生长长期处于停滞状态,幼苗或植株增长量小;展叶慢,叶色灰绿,子叶和真叶变黄;地下部根发黄甚至褐变,新生

的白根少。僵苗恢复很慢，一旦发生就会延误有利的生长季节，严重影响产量。僵苗是苗期和定植前期的主要生理性病害。

苗床发生僵苗的原因：一是苗床气温偏低，特别是土壤温度低，不能满足西瓜根系生长的基本温度要求。二是育苗床土质黏重，土壤含水量高，在湿度大、通气不良的根区条件下发根困难，根的吸收能力差，在定植后如连续阴雨，僵苗发生尤为严重。三是培养土配制不当：一种情况是肥料过多，土壤含盐量高，影响根系的吸收；另一种情况是有机肥未充分腐熟，或者未充分掺匀而引起烧根，从而影响地上部正常生长。

田间形成僵苗的原因：一是栽植的西瓜苗素质差，有的本身就是弱苗或僵苗。二是在栽植过程中，起苗、运苗、栽苗营养体破碎伤根。三是整地粗糙，土块大、苗钵"架空"，根部未能与土壤紧密接触。四是种植后遇低温阴雨，气温低，土壤温度低、湿度大，或者种植穴集中施用化肥和未腐熟有机肥，造成伤根。根系损伤或不适宜根系生长的土壤条件是造成瓜苗发僵的根本原因。僵苗一旦发生，生育十分迟缓，一般须经1～2周才能恢复。

② 防治方法　一是改善育苗环境，培育生长正常、根系发育好和苗龄适当(30～35天)的健壮苗。二是根据气象预报，选择冷尾暖头的晴天定植，防止定植后晚霜侵害。三是定植时做高畦深沟，加强排水，适当增施穴肥(腐熟农家肥)，促根生长。四是加强管理，前期勤中耕松土，或采用地膜覆盖，以增温、保水和防雨，改善根系生长条件，对田间发生的僵苗，可轻施氮肥，改善土壤通气条件，促进新根发生。五是防治蚂蚁等地下害虫。

(4)叶片白枯

西瓜叶片白枯发生在生长中后期,易引起早衰,是一种生理上的老化现象。该生理病害发生范围较广,影响产量。

① 症状与病因　该病害在西瓜开花前后开始发生,致使果实膨大期发病加剧,基部叶片和叶柄表面硬化,叶片缺刻易折断,叶色变淡,逆光可见叶脉间有淡黄色的斑点,茸毛变白而硬化易折断,随后叶脉间组织明显变黄,叶片黄化呈网纹状,进而叶肉黄化部褐变,几天后全叶变白,像蒙上一层白盐。由于呈不规则、浓淡不一、表面凹凸不平的白色斑,白化叶仅留绿色的叶脉和叶柄。

叶片白枯是植株体内细胞分裂素类物质活性降低所致。据测定,白色茸毛中钙的含量为正常植株的 3 倍,叶片和叶柄内钙的含量也较正常植株高。过度摘除侧枝,降低根的功能,也容易发生叶片白枯。该病在大棚西瓜上容易发生。

② 防治方法　适当整枝,整枝应控制在 10 节以下,从始花期起每周喷 1 次甲基托布津 1 500 倍液或 150 毫克/千克苄(苯)甲基腺嘌呤,可以抑制该病的发展。

(5)急性凋萎

① 症状与病因　急性凋萎是西瓜嫁接栽培中容易发生的一种生理性凋萎。其症状初期中午地上部萎蔫,傍晚尚能恢复,经 3～4 天反复后枯死,根颈部略膨大,但无其他异状。该病与枯萎病的区别在于根颈维管束不发生褐变,发生在坐果前后,在连续阴雨、弱光条件下容易发生,经解剖观察,导管中的侵填体是导管周围的薄壁细胞从导管的侧膜膜孔处侵入导管内腔,形成袋状膨出物。膨出物含有原生质、细胞膜,开始尚能见到细胞核,但不能分裂,许多相邻的薄壁细胞侵入导管内腔,引起阻塞而导致萎蔫。

西瓜急性凋萎的原因有 5 点：一是与砧木种类有关,葫芦砧发生较多,南瓜砧很少发生。二是从嫁接的方法来看,劈接较插接容易发病。三是砧木根系吸收能力随着果实的膨大而降低,而叶面蒸腾则随叶面积的扩大而增加,根系的吸水不能适应蒸腾而发生凋萎。四是过度整枝抑制了根系的生长,加深了吸水与蒸腾间的矛盾,导致凋萎加剧。五是光照弱,遮光试验表明,弱光会提高葫芦、南瓜砧急性凋萎病的发生。

② 防治方法　目前防治方法主要是农业防治,如选择适宜砧木,通过栽培管理增加根系,增强其吸收能力等。

(6) 空　秧

①症状与病因　植株营养生长过于旺盛和徒长,表现为节间伸长,叶柄和叶片变长,叶质较薄。在坐果期表现茎粗、叶大,叶色深绿,生长点上翘,雌花子房较大,果柄较长。尽管采取人工辅助授粉,仍很难坐果。一部分雌花经授粉虽能结出幼果,但 4～5 天后黄萎、脱落。这些没有结果的植株称为"空秧"。

空秧的病因:一是生长势旺的大果型丰产品种,易造成徒长、空秧。二是基肥特别是氮肥施用量过多,伸蔓期追肥不当,肥水过多,易引起徒长。三是前期整枝不及时,未能适当整枝及压蔓以控制植株长势。四是露地栽培授粉结果期正值多雨季节,大棚内温度管理不善,高温或低温均影响结果。

②防治方法　一是选择长势中等、易结果的品种。二是合理用肥,增加磷、钾肥,前期控制氮肥用量是防止空秧的重要一环。三是大棚栽培,应在不同生育期采用温度分段大温差管理技术,避免长期处于高温、高湿和弱光条件而引起徒长。四是开花盛期坚持人工辅助授粉,对于生长势强的田块或植株,促使低节位坐果,以抑制营养生长;根据果形确定摘

除或保留。五是南方露地栽培,争取"带瓜入梅",在梅雨季节前坐果。六是合理整枝、压蔓,在一定程度上可抑制营养生长,改善田间通风透光条件,促进坐果。七是对已造成疯长空秧的,可采取去强留弱的方法,进行整枝、摘心和断根等措施,控制营养生长,缓和长势,再行授粉,以促进坐果。

(7)西瓜花异常

① 症状与病因　西瓜雄花着生节位低,雌花着生节位高,雄花开放比雌花早。近年来,在早熟西瓜和小西瓜早熟栽培中出现了雌花节位上升、雌花开放时雄花少、雄花发育不全、花粉少等异常现象较为突出,影响早期结果。这是早熟栽培中出现的新问题,备受瓜农关注。

较低的温度特别是较低的夜温有利于花芽分化,而且雄花节位低;反之,则分化节位高。早熟栽培时,为促进幼苗生长,常提高苗床温度,致使床温偏高,这是造成出现这一现象的主要原因。

② 防治方法　一是西瓜早熟栽培,苗期温度的控制应兼顾瓜苗生长和花芽分化两个方面,即白天以较高温度促进生长,夜间以较低温度促进花芽分化。当瓜苗具有5～6片真叶时,较高的温度有利于花器的发育。二是不同品种花芽分化对温度的敏感性有差异,一般大果型品种表现不敏感,因此,应提前培育少量普通品种的瓜苗,并促进其生长,以提供花粉做早期授粉之用。

(8)畸 形 果

① 症状与病因　在西瓜果实的发育过程中,由于生理原因往往会产生一些不正常的果实,影响果实的商品外观和品质。这种畸形果有扁形果、尖嘴果、葫芦形果、偏头畸形果、棱角果等。

扁形果是低节位雌花所结的果,果实膨大期气温较低,果实扁圆,有肩,果皮增厚,一般圆形品种发生较多,温室和塑料大棚栽培,因低温干燥、多肥、缺钙等原因而产生扁形果。尖嘴果多发生在长果型品种上,果实先端渐尖,主要原因是果实发育期的营养和水分不足,果实不能充分膨大。葫芦果表现为先端较大,而果柄部位较小。长果型品种在肥水不足、坐果节位较远时,往往易发生葫芦果。偏头畸形果表现为果实发育不平衡,一侧生长正常,而另一侧发育停顿,这是由于授粉不均匀而引起的,授粉充分的一侧发育正常,切开后种子着生正常;而发育停顿的一侧表现种胚不发育,细胞膨大受阻。西瓜在花芽分化过程中,受低温影响形成的畸形花,在正常的气候条件下所结的果实亦表现为畸形。

② 防治方法 除针对以上形成因素进行防范外,重要的是深耕土壤,增施有机肥,促进根系发达,注意保温,促进果实顺利膨大,并根据栽培目的控制坐果部位。人工授粉时,抹在柱头上的花粉要均匀。在坐果期应选留子房圆正的幼果,摘除畸形幼果。

(9)空 洞 果

① 症状与病因 空洞果有两种情况:一是从果实的横断面来看,从中心部沿着子房的心室裂开。这种空洞果发生在果实膨大的初期,果皮随着果实的肥大而不断增大,内部空心随之增大,果实表现纵向凹陷,由此从外观上可以判断为空洞果。二是纵裂空洞果,从果实的纵断面来看,在西瓜着生种子部位出现空洞。

上述前一种空洞果大多是低节位的变形果。低温时所结的果实往往发生空洞,这些果实因种子数量少,心室容积不能充分增大,遇到低温干燥时,同化养分输送不足,种子周围没有充分膨大,以后又遇到高温,加快了成熟速度,促进了果皮的发育,最终形成空洞果。后一种空洞果是在果实膨大后期形成的,当时果实近种子部位已趋成熟,而靠近果皮附近的一部分组织仍在发育,由于果实内部组织发育不均衡,而使种子周围那一部分组织裂开。可能是由于以坐果节位为中心,下位叶面积和上位叶面积不等,同化养分失去平衡,果实膨大不均匀所致。上位叶面积较大时,果实膨大期延长,容易形成纵裂果。

②　防治方法　一是设施栽培在结果期要注意保温,让果实在适宜的温度条件下坐果和膨大。二是在保温条件差或露地栽培的条件下,避免在低温期结果,可推迟坐果节位。三是防止发生徒长和粗蔓,使同化养分正常运输至果实,保证果实的正常发育。四是促进植株正常生长,增加同化效能,进行合理施肥、灌溉和整枝。

(10) 黄 带 果

①　症状与病因　西瓜果实的中心或着生种子的胎座部分,从脐部至果梗处出现白色或黄色带状纤维,并继续发展为粗筋,这种果实称为黄带果或粗筋果。

果实的粗筋部分主要是集中的维管束和纤维,是运输养分和水分的通道,在正常果实膨大的初期,这些粗筋较为发达,而随着果实的膨大和成熟逐渐消失。但有些果实进入成熟期后,部分粗筋残留下来形成了黄带。土壤中缺钙或高温、干旱、缺硼等不利因素影响果实对钙的吸收,致使黄带果显著增加。

②　防治方法　一是合理施用氮肥,防止植株徒长,使植株营养生长和结果相协调,保证果实可以得到充足的同化物质和水分。二是为了保证植株对钙、硼等营养元素的吸收,必

须深耕土层,增施有机肥,覆盖地面,防止土壤干燥。三是保护好植株功能叶,以促进同化效能。

(11) 脐腐果

① 症状与病因 长果型品种易在果脐部生长缢缩、干腐,形成局部褐色斑,果实其他部分无异常。脐腐果的发生与品种有关,新红宝类长果型品种时有发生,而其他类型的品种发生较少。

产生脐腐果的原因:一是土壤缺钙,植株对钙的吸收不足;二是土壤虽然不缺钙,但是土壤干旱而造成供水不足,影响对钙的吸收;三是土壤含盐量高,或施用硫酸铵、氯化钾过多,影响对钙的吸收。

② 防治方法 一是对缺钙的酸性土壤施用石灰,以增加含钙量。二是对碱性土壤应严格控制氮、钾肥的施用量,防止土壤含盐量过高而影响对钙的吸收。三是土壤干旱时,要及时灌水,以利于植株对钙的吸收。四是叶面喷洒 $0.3\% \sim 0.5\%$ 氯化钙或硝酸钙溶液,每周喷 1 次,连续喷 $2 \sim 3$ 次,可取得明显效果。由于钙在植物体内的移动性差,喷 0.7% 氯化钙和 50 毫克/千克萘乙酸混合液,以改善钙的吸收。

(12) 日 烧 果

① 症状与病因 西瓜果实在烈日的暴晒下,果实表面温度很高,果面组织易被灼伤坏死,而形成干疤。

日烧果的发生与品种有关,皮色深的品种容易发生。丘陵地区土质较瘠薄,植株营养生长差,藤叶少,果实在暴露的情况下,很容易发生日烧果。

② 防治方法 一是在西瓜生长前期增加氮肥施用量,促进叶蔓生长,使叶片覆盖果实。二是对果实逐个盖草,防止发生日烧果。

(13) 裂　果

① **症状与病因**　西瓜果实开裂可以分为田间裂果和采收期裂果。田间裂果,系指在静止的状态下果皮爆裂;采收期裂果,系指采收时震动引起裂果。

田间裂果的主要原因是土壤水分发生骤变。在果实发育某一阶段,如果土壤水分少,果实发育受阻,突然遇雨或大量浇水,土壤水分剧增,果实迅速膨大而造成裂果。一般在花痕部分首先开裂。果皮薄、质脆的品种容易裂果。小果型品种皮薄,亦易裂果。

② **防治方法**　一是防止土壤中水分突然变化,是防止裂果的主要措施。因此,采用棚栽遮雨是防止裂果的关键。二是设施栽培,由于换气不当或夜间低温,导致果皮硬化,容易引起裂果,因此,要防止夜间低温。三是植株生长势过旺容易引起裂果,因此,栽培小果型品种应采取不整枝或轻整枝。四是增施钾肥,提高果皮韧性。五是在傍晚采收,可以减少裂果。

(14) 恶变果(紫瓤)

① **症状与病因**　发育成熟的果实在外观上与正常果无异,但用手拍打时,发出"咚咚"的坚实声,与拍打熟瓜和生瓜时发出的声音不同,剖开后可见种子周围呈水浸状红紫色,严重时种子周围细胞崩溃,像渗血状,果肉变硬,呈半透明状,同时可闻到一股异味,失去食用价值。这种现象,在蜜宝、京欣1号、新红宝等品种上均有发生。

发生恶变果的原因是果实受高温或阳光直射,叶面积不足。在温室栽培中,土壤干燥;露地栽培中,土壤多湿或土壤干湿状况突然变化,降低根系活性,植株生长势弱,恶变果是常易出现的一种生理障碍。在生长末期,植株长势差,容易产生恶变果。此外,叶片受损,加上高温,使果肉内产生乙烯,引起异常呼吸,使肉质劣变;坐瓜后的植株感染黄瓜绿斑花叶病毒(CGMMV),引起果实的异常呼吸而发生果肉恶变。

② 防治方法 深翻瓜地,多施农家肥料,保持良好通气性;挖深沟,做高畦,加强排水,经常保持适当土壤水分;适当整枝,防止根系受损;当叶面积不足或果实裸露时,应盖草遮荫;防止病毒病传播,除喷药防虫、切断病毒传播外,还要注意防止瓜田附近毒源植物的侵染。

2. 营养失调缺素症

(1) 氮素失调

① 症状与病因 西瓜植株缺氮时,表现出植株瘦弱,生长速度缓慢,分枝减少,蔓茎短小,叶片小而薄,叶色淡或变黄。其症状由基部老叶向上发展,后期明显早衰。氮素过剩时,西瓜植株的营养生长与生殖生长失调,表现为蔓和叶生长过旺,叶面积系数过大,蔓先端向上翘,坐果困难,空株率增加,即使能坐果,也是瓜小,迟熟,含糖量少,产量低,品质差。

西瓜植株缺氮是由于土壤缺氮或根系吸收氮素发生障碍所致。氮素过多是由于土壤肥沃或偏施、重施氮肥及根系吸肥力旺盛所致。用南瓜做砧木长成的西瓜植株,由于砧木吸肥力强,极易出现氮素过剩症。

氮充足,叶绿素的含量就增加,叶色加深,光合作用加强,因此,适量的氮能扩大叶面积及提高单位叶面积的同化作用,使碳水化合物的蓄积增多,可提高果实的含糖量。

② 防治方法 注意基肥和追肥中氮、磷、钾的比例,避免植株缺氮,对已发生缺氮的瓜田,要立即追施速效性氮肥。前期控制氮肥使用,合理追肥,重施结果肥。对已出现氮过剩症的瓜田,可促进坐果,适当整枝、打顶,并追施钾肥。

(2) 缺 磷

① 症状与病因　缺磷的植株矮小,叶片少而且小,生长滞缓,出叶慢;叶色暗绿无光泽,根系发育不良,影响花芽分化;开花迟,结果不良,果实含糖量低,种子欠饱满。

西瓜缺磷是由于土壤中缺少磷素,或植株吸收磷素受抑制所致。在酸性土壤条件下,磷易被土壤中的铁、铝离子固定;在微碱性土壤中,磷易被钙离子固定,它的有效浓度很低。因此,西瓜常易缺磷。在低温条件下,影响西瓜根系对有效磷的吸收。

磷素供应充足,可使西瓜根系发达,增强植株吸收肥、水的能力,促进植株生长,加快发育进程,促使西瓜早开花、早坐果、早成熟。同时,还可提高植株抗病、抗寒和抗旱等能力。

② 防治方法　增施厩肥、堆肥等有机肥,培肥土壤,增加土壤微生物活动,提高土壤有效磷的含量。对酸性土,可施用石灰;对碱性土,可施硫黄,使土质趋向中性,减少磷的固定量,提高磷肥施用效果。早春低温时,采用地膜覆盖,提高土温,增加磷的吸收量。合理施用磷肥,对酸性土宜施用钙镁磷肥,对中性或偏碱性土要施用过磷酸钙。酸性到中性土壤,施用高浓度的磷酸二铵效果好。施用磷肥宜早不宜迟,宜在做苗床或移栽时施用,一般每 667 平方米施过磷酸钙 $10 \sim 15$ 千克。

(3) 缺 钾

① 症状与病因　下部节位叶片边缘、叶尖黄化,并伴生褐斑,继而发展扩大,致使整个叶缘褐变坏死,叶片间内卷曲。在长期阴雨初晴的条件下,易发生缺钾症,致使坐果困难,果实发育受阻,果型小,含糖量低,品质下降。

西瓜需钾量高,而有机肥的投入少,土壤中钾素不足(酸性红壤,及新开垦地有机质少,有效钾含量低),土壤结构差,不利于根系生长。

钾能促进叶片的光合作用及蛋白质的合成,加快光合产物的运转,增加果实含糖量,提高果实品质。钾也可以促进植株对氮素的吸收,提高氮肥的利用率,增强蔓的韧性。钾素还有利于纤维素和木质素的形成,提高西瓜植株对枯萎病等多种病害的抗性。

② 防治方法　增施有机肥,改善土壤结构。发现缺钾症状,及时施用钾肥,一般每 667 平方米施硫酸钾 10～20 千克。多雨地区和沙性土壤,施用钾肥应分次施用,以减少钾肥的流失。在果实膨大期,可用 0.3%～0.5% 硫酸钾或硝酸钾溶液喷洒叶面,以补充钾素营养。

(4) 缺 钙

① 症状与病因　缺钙植株的新生部位如顶芽、根尖等生育停滞、萎缩;叶片不能正常开展,展开的叶常发生“焦边”;果实顶端出现凹斑、褐腐,甚至坏死,形成“脐腐果”。

西瓜缺钙症是土壤缺钙;土壤含盐量高,或施用硫酸铵、氯化钾等致使土壤中盐的浓度过高;土壤干旱,供水不足等所致。

② 防治方法　同生理性病害果腐病的防治。

(5) 缺 镁

① 症状与病因　西瓜缺镁时,叶片主脉附近及叶脉间出现黄化,随后逐渐扩大,叶脉间的叶肉均褪色而呈淡黄色,但叶脉仍呈绿色。黄化多从基部叶片开始,向上部叶片发展。症状严重时,全株呈黄绿色。

缺镁症易与缺钾、缺钙症状混同,应注意区别。缺钾的特征是叶片黄化枯焦,而缺镁的特征主要是叶片比较完好,枯焦很少。缺镁的特征与缺铁症状相似,但缺铁症是发生在上部新叶,而缺镁症则发生在中下部叶片。

镁在土壤中淋溶性很强,如土壤供镁不足,则易发生缺镁症。在多雨地区的沙性土壤更易发生缺镁症,过量施用钾盐、铵态氮后,钾、铵离子将破坏养分平衡,抑制西瓜对镁的吸收。

镁是叶绿素的组成成分。西瓜缺镁时,叶绿素减少,光合作用降低,叶片中碳水化合物含量减少,可溶性氮化物的含量增加,因而容易诱发叶枯病等多种叶部病害。

② 防治方法 对土壤含镁量不足而引起的缺镁症,应增施镁肥。一般每667平方米施硫酸镁2～4千克(以 Mg 计),酸性土最好施镁石灰(用白云石烧制的石灰)50～100千克。对由根部吸收障碍引起的缺镁症,一般用2‰～3‰硫酸镁溶液喷布叶面,隔5～7天喷1次,连续喷3～5次。控制氮、钾肥的使用。在保护设施条件下,氮、钾肥最好分次使用,以减轻对镁吸收的影响。

(6) 缺 硼

① 症状与病因 缺硼的植株生长受到抑制,节间较短,严重时顶端枯萎,叶片有皱褶、扭曲、变脆易断,花小而少,果实发育不良、易畸形。陕西省千阳县1990年种植的西瓜大面积发生缺硼症,其症状表现:瓜蔓顶端上翘,节间显著变短。位于先端的叶片变小约1/3,叶片向内翻卷,叶面凹凸不平,出现浓淡不一的斑纹,似病毒病症状,近蔓端质脆、易断,结果节位推迟,约20%植株结果困难,畸形果较多。经调查发现:旱塬发生较多,地块间无传播迹象,无中心发病区,当地土壤含硼量仅0.17毫克/千克。植株喷硼后,症状得以缓解。土壤施硼,效果更佳。

轻质沙土或高度分化的红黄壤因淋溶而缺硼;干旱的气

候条件、干燥的土壤对硼的固定作用增强,降低了土壤中硼的有效性,故而发生缺硼症。

② 防治方法 增施有机肥,改进土壤结构,并每 667 平方米施硼砂 1 千克;控制氮肥施用,以增加对硼的吸收;长期干旱、土壤过于干燥时,应及时灌溉;植株表现出缺硼症状时,用 0.5% 硼酸水溶液喷洒叶面,每隔 5～7 天 1 次,连喷 2～4 次后,植株基本上可恢复正常。

(五)西瓜的主要虫害及其防治

1. 种 蝇

种蝇,俗称地蛆。属双翅目花蝇科。

(1)形态特征、为害与发生规律

种蝇为多食性害虫。主要以幼虫为害,幼虫形似粪蛆,乳白略带黄色。幼虫蛀入初萌发的种子,使种子不能发芽而腐烂;蛀入茎内为害,造成死苗。

种蝇以蛹或成虫越冬。翌年春,羽化的成虫先在粪肥或开花的植物上取食。成虫在中午前后比较活跃,在瓜苗根部土中产卵,以有机物附近和萌发种子的周围为最多。产卵期 2～4 天。幼虫孵化后,钻入幼茎内为害。幼虫 3 龄,幼虫期为 1～2 周。幼虫老熟后,在 7～8 厘米深的土层化蛹;20℃左右,蛹期 2 周。20 多天完成 1 代。1 年可发生 4～5 代。

(2)防治方法 ①种蝇羽化前翻耕,避免成虫产卵。②施用充分腐熟的农家肥。人粪、厩肥在堆积发酵过程中要用泥封严,防止成虫聚集产卵。③药剂防治。以糖醋液(糖、醋各 2 份,水 5 份)诱杀卵和成虫。可用 90% 晶体敌百虫 1 000 倍液喷洒床面和根部附近。防治幼虫,则用 90% 晶体敌百虫或 50% 敌敌畏 1 000 倍液喷浇根际。

2. 黄守瓜

黄守瓜,又称瓜萤。属鞘翅目叶甲科。

(1)形态特征、为害与发生规律

黄守瓜为杂食性害虫,分布于全国。在南方为害尤重,成虫、幼虫均可为害。

成虫体长 8～9 毫米,椭圆形,黄色,有光泽,中后胸腹部双面为黑色,前胸背板长方形,中央有 1 条波状横凹沟,鞘翅上密布刻点。老熟幼虫体长约 12 毫米,头部黄褐色,前胸背板黄色,胸腹部黄白色,各节有不明显的小黑瘤。成虫咬食叶片呈环形或半环形缺刻,严重时呈网状;还咬断瓜苗,食害花和幼果。幼虫在土中咬食根部或蛀入根内形成隧道,致使植株枯萎;也能蛀入内部引起腐烂。

黄守瓜在长江流域 1 年发生 1～2 代,在华南地区 1 年发生 3 代。成虫在杂草、落叶及土缝中群集越冬。当土温达 6℃时,越冬成虫开始活动;土温为 10℃时,全部出蛰。先在蔬菜、果树上取食,后转到瓜苗上为害;当瓜苗有 5～6 片叶时,受害最重。

成虫喜光,飞翔力强,有假死和趋黄色习性,喜食瓜类嫩叶、嫩茎和花。成虫耐热,喜湿,抗寒力差,喜在潮湿深约 3 厘米的瓜根下产卵。

(2)防治方法 ①利用其假死性,在清晨捕杀。②在植株周围铺 1 层麦壳、谷糠等,防止其产卵。③在瓜苗上插松枝驱避。④药剂防治。在苗期消灭成虫是药剂防治的关键,可用 90%晶体敌百虫 1 000 倍液喷雾。防治幼虫,用晶体敌百虫 2 000 倍液,或 40%杀灭菊酯乳油 8 000 倍液,或辛硫磷 50% 1 500 倍液灌根。

3. 小地老虎

小地老虎,俗称土蚕、切根虫。属鳞翅目夜蛾科切根夜蛾亚科夜蛾的幼虫。

(1)形态特征、为害与发生规律　小地老虎是世界性虫害,我国各地均有分布,以雨量丰富、湿润地区为害最严重。为杂食性害虫,以幼虫为害,老熟幼虫黑褐色,体表有黑色颗粒状突起,臀板黄褐色。蛹赤褐色,有光泽。幼虫咬断瓜苗等植物的茎,造成缺苗、断垄。以春季为害最严重,夏季也有为害。

小地老虎在华北地区1年发生3～4代,长江流域1年发生4～5代。华南地区可终年繁殖,无越冬现象。成虫昼伏夜出,喜食花蜜、糖醋液及其他发酵物,对黑光灯有较强的趋性。1～2龄幼虫昼夜活动,咬食幼茎和嫩叶;3龄虫以后,白天潜伏在土表下,夜间活动,咬断瓜苗,并拖入土穴内取食。4～6龄时暴食,有假死现象,受惊即蜷曲成环形。生育的适宜温度为18℃～26℃,空气相对湿度为70%。高温不利于其生育。头年秋季雨水多,耕作粗放和荒芜的地块虫量多。

(2)防治方法　①冬春季注意除草,消灭越冬幼虫。②栽苗前,田间堆草诱集,人工捕捉。③3月中下旬用黑光灯或糖醋液诱杀成虫。④毒饵诱杀。用晶体敌百虫0.25千克对水4～5升,喷入20千克炒过的棉仁饼上,做成毒饵。傍晚将毒饵撒在幼苗周围,每667平方米用毒饵量约20千克;或用敌百虫0.5千克溶解在2.5～4升水中,喷在60～75千克菜叶或鲜草上,于傍晚撒在田间诱杀,每667平方米用量为7.5～10千克。虫害严重时,隔2～3天再用1次,防治效果良好。⑤药剂防治。小地老虎3龄前抗药性差,且在地上部为害,是用药防治适期,每667平方米可用2.5%敌百虫粉剂1.5～2

千克喷粉,或用90%晶体敌百虫800～1000倍液,或21%灭杀毙8000倍液,或2.5%溴氰菊酯3000倍液喷洒。虫龄较大转入地下为害时,可用80%敌敌畏乳油或52.2%农地乐1000～1500倍液,或50%辛硫磷乳油,或50%二嗪农乳油1000～1800倍液灌根。

4. 瓜 蚜

瓜蚜,又名棉蚜、腻虫、蜜虫。属同翅目蚜科。

(1)形态特征、为害与发生规律 瓜蚜是世界性害虫,分布很广,寄主植物众多。越冬寄主(第一寄主)有花椒、木槿、石榴以及车前草、夏枯草等,侨居寄主(第二寄主)有棉花和瓜类、豆科、菊科植物,以棉花和瓜类为主。

以成蚜、若蚜在瓜类叶背面和嫩茎上吸食汁液,造成叶片向背面卷缩而生长受到抑制,其分泌的蜜露被真菌寄生产生煤污,影响光合作用。蚜虫又是传播病毒的媒介。

从越冬卵孵化出的蚜虫称干母。分无翅胎生雌蚜、有翅胎生雌蚜、产卵雌蚜、雄蚜等。无翅胎生雌蚜,春秋季体色为绿色,夏季高温时为黄绿色,体型小,称伏蚜。有翅胎生雌蚜,体色为黑绿色至黄色,翅两对。产卵雌蚜无翅,体色为草绿色,透过表皮可见腹中的卵。雄蚜狭长卵形,有翅,体色绿、灰黄或赤褐色。若蚜共4龄,形如成蚜,复眼红色,体被蜡粉。有翅若蚜2龄后出现翅蚜。

蚜虫1年发生20～30代。受精卵在第一寄主上越冬,春季孵化出来的干母全部是无翅胎生雌蚜,其后代为干雌,大部无翅,营孤雌胎生,少数为有翅迁移蚜。干雌的下一代大部为有翅迁移蚜,飞至第二寄主蔓延为害。晚秋产生有翅迁移蚜,陆续迁回第一寄主,雌、雄交配,产卵越冬。

瓜蚜生活周期短,早春和晚秋季节10多天1代,夏季4

天左右1代,繁殖快,在短期内种群迅速扩大。干旱酷热期间,小雨后阴天,气温下降,有利于繁殖,种群迅速扩大。暴风雨常使种群锐减。有翅蚜对黄色和橙黄色趋性强。

(2)防治方法 ①清除田间杂草,消灭越冬卵。在有翅蚜迁飞前用药杀灭,温室大棚内可用敌敌畏烟熏剂或杀蚜烟熏剂熏蒸。②物理防治。有翅蚜对黄色有趋性,而灰色对它有驱避作用。在瓜田设置黄色板,上面涂上凡士林或机油,以诱杀蚜虫。用银灰色塑料膜遮盖,以驱避蚜虫。③药剂防治。可选用50%辛硫磷乳油1000~1500倍液,5%鱼藤精乳油2000倍液,21%灭杀毙乳油、2.5%功夫等4000倍液,70%艾美乐30000~35000倍液,20%康福多5000倍液,1%杀虫素1000~1500倍液喷雾。

5. 瓜叶螨

瓜叶螨,又称红蜘蛛,俗称火龙。属蛛形纲蜱螨目叶螨科。以朱砂叶螨分布最广,为害严重。

(1)形态特征、为害与发生规律 该虫为多食性害虫,在我国分布广泛,为害严重。主要为害瓜类、果树和蔬菜,以成虫和若虫在叶背面吸食汁液,形成淡黄色斑点,导致叶片失绿而枯黄,直至干枯脱落。

雌螨体形椭圆,体色常随寄主而变化。基本色调为锈红色或深红色,体背两侧有长条块状黑斑2对。雄螨体近菱形,头胸部前端近圆形,腹部末端稍尖,体色比雌虫淡。幼螨足3对,体近圆形。初孵化体透明,取食后变暗绿,蜕皮后变第一若螨,再蜕皮为第二若螨,足4对。第二若螨蜕皮后为成螨。

叶螨每年发生10~20代,主要以雌成虫越冬,在10月份迁至杂草和作物的枯枝落叶和土缝中越冬。在南方冬季仍取食,并不断繁殖。春季气温为6℃时出蛰为害,气温上升到

10℃以上时开始大量繁殖。一般 3～4 月份先在杂草和其他寄主作物上取食,4 月下旬至 5 月上中旬迁入瓜田。在杂草多的田边植株受害较重,先是点片发生,以后随着大量繁殖,以受害株为中心向周围扩散。先为害植株下部叶片,然后向上蔓延。借爬行、风力、流水、农业机具等传播。叶螨发育最适温度为 25℃～29℃,最适空气相对湿度为 35%～55%,故少雨干燥季节和地区受害严重。夏秋季多雨,对其有抑制作用。

(2)防治方法 ①农业防治。进行轮作,冬前铲除田内外杂草,翻耕土壤,减少成螨越冬条件。早期在基部叶为害时,可摘除老叶销毁。合理施肥,促使瓜苗茁壮生长,以提高抗病力。②药剂防治。杀螨剂种类比较多,可根据田间叶螨的发生情况选用。在叶螨发生初期,可以使用杀卵、幼螨、若螨效果好,不杀成螨,但对所产的卵有抑制孵化的药剂,如 5% 尼索朗 2 000 倍液,或 50% 阿波罗悬浮液 5 000 倍液。在叶螨发生量较大时,可使用对卵、幼螨、若螨和成螨全杀的药剂,如 20% 螨克(双甲脒)1 000～1 500 倍液(25℃ 以下使用 700～800 倍液),或 20% 牵牛星 3 000～4 000 倍液。在有其他害虫同时发生而需要兼治时,可使用 40% 乐果 1 000～1 500 倍液,或 20% 灭扫利 3 000 倍液,或 10% 虫螨灵(联苯菊酯)4 000 倍液防治。在喷药时,应注意喷布叶片背面、枝蔓嫩梢、花器及幼瓜等,喷布要均匀周到。

如无其他害虫同时发生,尽量不使用菊酯类全杀性药剂,以保护天敌。其他杀螨剂均对天敌安全。

6. 美洲斑潜蝇

美洲斑潜蝇属双翅目潜蝇科。斑潜蝇有多种,以下介绍美洲斑潜蝇。

(1)形态特征、为害与发生规律 该虫遍布美洲、非洲、亚洲、大洋洲许多国家。我国广东等 12 个省、市均有发生。寄主范围很广,主要为害瓜类、豆类、茄果类作物。

斑潜蝇以幼虫在叶片中潜食叶肉,形成弯曲盘绕的隧道,粪便排泄在两侧。重者叶片枯萎、早落,甚至整株枯死,还能传播植物病毒。

幼虫 1 龄几乎透明,2 龄黄色至橙黄色,3 龄老熟约 3 毫米,是 2 龄的 4～5 倍。华北、华中地区 1 年发生 10～12 代,华南 17～20 代。夏季完成 1 代需 15 天。此虫对温度敏感,生育适温为 20℃～30℃,35℃以上持续 1 周田间有自然死亡现象。春末夏初气温上升,生长加速,为害严重。5～10 月份为发生盛期,5 月上中旬为第一高峰期,9 月中旬至 10 月下旬为第二高峰期。

(2)防治方法 ①加强检疫。美洲斑潜蝇是检疫对象,主要是附着在寄主如蔬菜、花卉、苗木或包装物上远距离传播。②清洁田园。早春及时清除烧毁田间和地边杂草及栽培寄主老叶。③与抗虫作物苦瓜、苋菜、烟草等套作以减轻为害。④生物防治。美洲斑潜蝇寄生蜂有釉姬小蜂、新釉姬小蜂等,一般寄生率为 20%左右,不施药时寄生率可达 60%以上。⑤物理防治。利用成虫趋黄色的习性,用黄色粘蝇纸、黄盘、黄板诱杀。⑥化学防治。如发现每 3 片叶子有 1 头幼虫或蛹,或每 180 片叶中有 25 头幼虫或蛹,即为施药最佳期。根据田间监测,在成虫高峰和卵孵化高峰期施药,以幼虫 1～2 龄时防治最好。常选用的药剂有 75%潜克 5 000 倍液,1.8%虫螨杀星 5 000 倍液,1%杀虫素 1 000～1 500 倍液,1.8%阿维菌素乳油、1.8%爱福丁乳油、1.8%虫螨克乳油 3 000 倍液,1%灭虫灵乳油 2 000 倍液等。幼虫有早晚爬到叶面上活动的习性,故在傍晚和早上打药效果最好。

7. 蓟　马

为害西瓜的黄蓟马(又名瓜蓟马)、烟蓟马(又名棉蓟马、葱蓟马)属缨翅目蓟马科。

(1)形态特征、为害与发生规律　蓟马分布广,食性杂。蓟马以成虫和若虫锉吸心叶、嫩芽、花和幼果的汁液,致使心叶不能展开,生长点萎缩。幼瓜受害后,表皮呈锈色、畸形,生长缓慢,严重时造成落果。成瓜受害后,瓜皮粗糙、有斑痕,极少茸毛;或带有褐色波纹;或整个瓜皮布满"锈皮",呈畸形。

黄蓟马成虫体黄色,触角 7 节,端部灰黑色,第五至第七节灰黑色。雌虫体长 1～1.1 毫米,雄虫 0.8～0.9 毫米。第一龄若虫乳白色至淡黄色。第二龄若虫体长 0.6～1.1 毫米,淡黄色。烟蓟马雌虫体淡棕色,触角第四、第五节末端色较深,腹部第二至第八节前缘有两端略细的栗棕色横条。

蓟马 1 年发生 10 多代,世代重叠。以成虫潜伏在土块、土缝下和枯枝落叶间过冬,少数以若虫过冬,翌年气温为12℃时开始活动。孤雌生殖,雌虫产卵于嫩叶组织。蓟马以成虫和 1～2 龄若虫取食为害。蓟马喜温暖干燥。黄蓟马发育最适温度为 25℃～30℃,烟蓟马在 15℃～25℃时生长发育繁殖最快。蓟马若虫在土内化蛹,田间表层土壤含水量在9％～18％时有利于化蛹、羽化。

(2)防治方法　①清除杂草,加强肥水管理,促使植株生长旺盛。②在蓟马发生时期,及时施药。选用 70％艾美乐30 000～35 000 倍液,或 50％托尔克 4 000 倍液,或 20％康福多浓溶剂 5 000 倍液,或 20％蚜杀灵 10 000 倍液,或 20％必喜 3 000～4 000 倍液喷雾,药剂要交替使用。虫口数量多时,应加入 18.1％富锐 3 000 倍液,或在康福多、蚜杀灵、必喜 3

种药剂内选 2 种药剂混用,并连续用药 2～3 次。

8. 温室白粉虱

温室白粉虱属同翅目粉虱科,俗称小白虫、小白蛾。

(1)形态特征、为害与发生规律 主要分布于我国北方。食性杂,主要为害温室、大棚及露地瓜类、茄果类、豆类等蔬菜。成虫、若虫群集叶背吸食汁液,使叶片褪绿、黄萎,严重者全株枯死。其分泌的蜜露可诱发煤污病,影响光合作用,还可传播植物病毒病,影响产量和品质。

成虫体长 1～1.5 毫米,淡黄色,翅面覆盖白色蜡粉,翅端半圆形。若虫长卵圆形,扁平,淡黄绿色,体表具有长短不齐的蜡质丝状突起,共 3 龄。

在北方温室条件下,每年可发生 10 多代,世代重叠。冬季在温室内越冬或继续繁殖为害,无滞育或休眠现象。翌年春季移栽菜苗传带虫体以及成虫迁飞出温室,成为露地虫源。露地白粉虱于春末夏初数量上升,夏季高温多雨时虫口有所下降,秋季迅速上升至高峰,10 月中下旬以后逐步进入温室。白粉虱在北方可全年发生。

雌虫一生可产卵 150～300 粒,且存活率高,经 1 代后种群数量剧增,是严重为害的主要原因。南方夏季气温在 30℃以上时,卵、幼虫死亡率高,成虫寿命短,产卵少,故一般发生较少。

白粉虱以两性生殖为主,孤雌生殖的后代为雄性。成虫飞翔力较弱,对黄色有强烈的趋性,忌避白色、银灰色。喜群集于嫩叶背面为害产卵,卵多散产在叶背,以卵柄从气孔插入叶片组织中。初孵若虫在叶背短距离爬行,当口针插入叶组织中即开始固定为害,直至成虫羽化。成虫有选择嫩叶产卵的习性,故植株上部嫩叶为新产的卵,越往下虫龄越大。

（2）防治方法　①培育栽植无虫苗。育苗前彻底清除苗圃中的残株、杂草，通风口设尼龙纱网，防止外来虫源，瓜地远离温室和拱棚。②利用黄板诱杀。③生物防治。人工繁殖释放丽蚜小蜂。当保护地蔬菜上的白粉虱成虫为 0.5～1 头/株时，释放丽蚜小蜂"黑蛹"3～5 头/株，每隔 10 天左右放蜂 1 次，共放蜂 3～4 次，寄生率可达 75% 以上，控制效果良好。④药剂防治。在白粉虱发生初期，用 25% 扑虱灵可湿性粉剂 1 500～2 000 倍液，或 2.5% 天王星、2.5% 功夫、20% 灭扫利乳油 2 000～3 000 倍液，或 70% 艾美乐 3 000～3 500 倍液，或 20% 康福多浓溶剂 5 000 倍液，或 2.5% 敌杀死、20% 速灭杀丁乳油 2 000 倍液，或 50% 二嗪农乳油、40% 乐果乳油 1 000 倍液喷雾，对成虫、若虫与卵均有效。

六、西瓜的贮藏保鲜技术

(一)西瓜贮藏保鲜的意义与作用

西瓜是一种重要的夏季水果,随着人民生活水平的提高,人们不仅要求能在炎热的夏天吃到西瓜,而且要求延长供应时期,甚至达到一年四季都有西瓜吃。长期以来,西瓜生产均以露地栽培为主,在西瓜成熟季节,大量鲜瓜集中上市,一般仅能供应当地市场 1 至 2 个月时间,甚至更短,因此,西瓜生产的季节性给市场均衡供应造成了一定困难。

为了延长西瓜商品的供应时间,各地瓜农在长期实践中积累了西瓜贮藏的丰富经验,其中大部分均采用简易的短期贮藏方法。此外,新中国建立以来,农业科技人员与各地果品公司结合,对西瓜的中、长期贮藏技术做了许多探索和研究工作,取得了较好成果。

改革开放以来,随着科学的发展、技术的改进以及高速公路的大发展和流通渠道的畅通,为大大延长西瓜供应时间提供了十分有利的空间和条件。目前各大城市的西瓜市场基本做到周年供应,具体途径是通过扩大发展西瓜的各种保护地栽培(大、中、小棚)和反季节栽培(夏秋栽培、山地栽培)以及集中建立反季节生产基地(如海南省)和南北方、东西方之间利用季节差别而进行的长途远运调剂(如冬春季海南西瓜运销内地,4~5 月份广西、广东等华南地区西瓜北运,7~9 月份华北、西北地区西瓜南运或东运),对延长各地的西瓜供应时间起到了关键性作用;有些地方采用的西瓜中长期贮藏措施,现已退居到次要和辅助供应地位。但是，从西瓜采收至销售过程、西瓜商品的运输过程和销售过程以及广大消费者购买西瓜后到全部吃完的过程中均存在有一个短、中期贮藏的问题，这个贮藏问题，在目前延长西瓜供应期中发挥着十分重要的作用。对此，本节将作重点介绍，而冷库长期贮藏将只作附带介绍。

（二）影响西瓜贮藏的若干因素

1. 西瓜的呼吸作用与贮藏的关系

西瓜采收后，它的果实是一个有生命的活体，在其后的贮藏、运输过程中，仍然进行着各种生理生化活动，其中果实的呼吸作用是最重要的生理活动指标。由于西瓜的呼吸作用，其果实内的营养物质大量被消耗，引起了果实的各种变化，从而影响到果实的贮藏性能。贮藏保鲜的目的，就是有效地控制果实的呼吸作用强度，以延缓果实衰老，达到延长保鲜时期的目的。

西瓜植株在田间生长期间，通过叶片光合作用制造的养分用来补偿呼吸作用消耗的养分是完全有余的，因而体内干物质就能不断的积累。西瓜采收后，光合作用立即停止，干物质不仅不能再增加，而且不断地为呼吸作用所消耗，所以，采收后应尽可能降低其呼吸作用，以便减少养分消耗。同时，呼吸作用不仅是一个单纯消耗养分的消极过程，而且也是一切生理活动所需能量的来源，因此，西瓜采收后应尽可能保持较低而又正常的呼吸过程，这是西瓜贮藏、运输保鲜工作最基本的原则和要求。

2. 环境条件对贮藏的影响

（1）温度　温度是影响西瓜呼吸最重要的环境因素。一般来说,温度与西瓜果实的呼吸直接有关,在正常范围内温度越高,果实的呼吸强度越高,消耗的养分越多,西瓜的贮藏性就越降低;反之,温度越低,呼吸减慢,消耗养分少,从而就延长了贮藏期。但并不是说贮藏的温度越低越好,如果超出适温范围,继续降温,将会出现低温冷害。

关于西瓜贮藏的适宜温度,前人的试验结果不一,综合来看以 15℃左右贮藏温度较为适宜。一般情况下,在较低温度下贮藏可以延长贮藏时间;而在较高温度下贮藏将缩短贮藏时间。但这也不是绝对的。有关试验结果表明:有的品种在 0℃下可贮存 60～100 天,而在 5℃～10℃下却只能贮存 25～40 天。另外,当贮藏温度变幅波动较大时,将会刺激果实呼吸增强,因此,在贮藏运输过程中应根据贮运时间的长短选用适当的贮藏温度。总之,西瓜贮藏中对温度的要求应该是适当的低温和恒温。

(2) 湿度与其他空气成分 湿度也是西瓜贮藏中的重要环境条件。提高空气相对湿度,可以有效降低西瓜的水分蒸发,有利于西瓜的贮藏保鲜。据观测,空气相对湿度在 80%～90%条件下贮藏西瓜最为适宜。但是,空气相对湿度较高时,也有利于病原菌的孳生蔓延而导致西瓜腐烂,这是西瓜贮藏保鲜中必需解决的一对矛盾,可以在保持较高的空气相对湿度条件下采用防腐剂或空气离子、臭氧等处理的抑制病原菌的方法来解决。

在气调贮藏中,降低空气中的氧气浓度,或提高空气中的二氧化碳浓度,均对西瓜的呼吸强度有抑制作用。

另外,在贮藏库中乙烯、乙醇等气体积累过多时,也能刺激西瓜的呼吸作用,因此,西瓜不宜与香蕉、苹果等能够散发出乙烯的鲜果一同贮运。

3. 西瓜不同品种贮藏性的差异

不同西瓜品种的耐贮运性差别很大。一般果皮厚硬、韧性大、蜡被层厚和瓤质硬或硬脆以及含糖量高的品种耐贮运性较强;反之,果皮薄脆、韧性差、蜡被层薄、瓤质沙以及含糖量低(失水多)的品种耐贮运性差。在各种生态型西瓜品种中,以美国生态型品种最耐贮运,如查理斯登、久比利等;东亚生态型品种尤其是日本大和型品种,如京欣1号、早佳(84-24)等最不耐贮运;华北生态型品种虽然果皮较厚较硬,但它的瓤质沙易失水,故其耐贮运性不如美国生态型品种。无籽西瓜品种的果皮较厚,其耐贮运性一般较同类普通西瓜杂交组合强。此外,通常黑皮品种的耐贮运性均比较好,如蜜宝、丰收2号等一般均比花皮、绿皮品种的耐贮运性好。小西瓜品种,除黑皮的黑美人耐贮运性极强外,其他品种的耐贮运性极差,因此必须采用保护地栽培和装箱运输才能确保供应市场。

4. 西瓜贮前不同情况对贮藏的影响

(1)不同成熟度的影响　西瓜采收的成熟度不同,其耐贮运性也不一样。果胶是构成细胞壁的主要成分,也是影响西瓜果实质地软硬的主要因素。未成熟的西瓜果实中的果胶物质,大部分是以原果胶(它不溶于水)的形式存在于细胞之间,可将细胞与细胞紧紧地结合在一起,使果实显得坚实硬脆,因而可提高耐贮运性。充分成熟的西瓜,其果实中的原果胶分解成果胶而进入细胞汁中,使细胞之间的结合松散,果实显得柔软而不耐贮运。所以,用于贮藏的西瓜,以选用成熟度稍差的西瓜为好,但不是越生越好。为了保证商品基本质量,一般多选用八成熟的西瓜为好。如果贮运时间较短、运输距离较近的,西瓜的成熟度也可以适当调高。

(2)不同农业技术的影响　农业技术不同对西瓜的贮藏有一定的影响。一是采前灌水或采前遇到阴雨天,使西瓜果实含水量增高、含糖量降低,在采收搬运时易受机械损伤而给病菌侵入以可乘之机,从而造成裂果、烂果增多,故贮藏用的西瓜,一般在采收前至少1周内不能灌水。二是有机肥施用不足,氮化肥施用过多,均会影响西瓜果实的贮运。三是由于温、光、水条件的差异,一般保护地内生产的西瓜比露地栽培的耐贮运性稍差。四是高纬度地区和山地栽培的西瓜,其保护组织比较发达,蜡被层较厚,适于在较低温度下贮藏。五是在大陆性气候地区和在弱酸性砂壤土上栽培的西瓜,由于昼夜温差大,果实内糖分积累多、抗坏血酸也比较高,一般表现耐贮运性较强。

(三)西瓜贮藏的误区和正确的做法

西瓜贮藏技术上的误区主要是由于对贮藏观念的误解而引起的。如认为西瓜的病害主要是在田间发生和防治,忽视贮藏期间的病害防治工作;认为西瓜的贮藏只要掌握好低温和通风工作就可以了,忽视防止低温冷害的危害和湿度过低造成的不利影响;在西瓜贮藏较长时忽视品质的保持等等。这些错误认识必须纠正,应重视做好以下三项工作。

1. 西瓜贮藏期间的常见病害及其防治

(1)炭疽病　炭疽病是西瓜贮藏期内最常见的病害,其病原菌多是在西瓜成熟前即已感染侵入。西瓜采收后,如贮藏在较低温度(5℃以下)或用杀菌剂处理果面后,其原有的小病斑发展扩散较慢,较大病斑因受到抑制而变成干硬、光滑的黑色斑块,稍凹陷,用手按压感觉较硬;若贮藏在较高温度下时,已感病的西瓜则迅速表现症状而腐烂。发病初期,瓜面出现淡褐色圆斑,以后病斑逐渐扩大,瓜肉也随之软腐下陷,病斑表面颜色深浅交错;病斑扩大后,其中必出现隆起小点,初为褐色,后逐渐变成黑色,以后逐渐向外增生,病斑随之变成黑色,凹陷。病斑小时,可见瓜面一片坑洼,扩大后则连成一片,并深入到瓜肉造成腐烂,不堪食用。

防治方法:①采收前7~15天,田间瓜面喷洒多菌灵800倍液或乙磷铝1 000倍液。②采收后用多菌灵300~600倍液浸泡西瓜10分钟,或用高脂膜液100~180倍液浸泡1分钟,晾干后入贮。③放在5℃~6℃的低温条件下贮藏,可有效抑制发病。④贮藏场所用硫黄熏蒸(15~20克/立方米密封24小时),或喷洒杀菌剂可防止炭疽病的再感染。

(2)霉菌性腐烂 该病是受损伤的西瓜在贮藏期内易于发生的一种病害。病菌来源于西瓜自身或贮藏场所。霉菌主要侵染瓜蒂和伤口,侵染后开始为白色小斑,数日后斑点扩大形成许多灰白色菌丝体,连成一片,最后导致瓜蒂腐烂变黑。受损伤的西瓜或因其他病虫危害造成的伤口被霉菌感染后也同样是最初呈白色小斑,后扩大形成灰白色菌丝,连片后菌丝布满整个病斑,最后逐渐扩展,从果皮烂到瓜肉,有霉烂味,不能食用;大的病斑可覆盖半个瓜面甚至整个瓜面,均密生茸毛状菌丝。

防治方法:基本同炭疽病的防治。最重要的是采运过程中要轻拿轻放,以减少机械损伤,同时要及时防治虫害,减少伤口发生,以减少霉菌侵入机会。

2. 低温冷害

西瓜果实对低温比较敏感,在适温下贮藏时可以延长保鲜时期,但在适温(15℃)以下、0℃以上的较低温度下贮藏时间较长时常表现生理代谢不适应的伤害现象,即低温危害,亦称"冷害"。发生冷害的临界温度因品种不同、栽培季节不同而异,如新红宝品种比较容易发生冷害,在5℃条件下贮藏时就常产生冷害,采收季节比较冷凉的(如秋瓜栽培)比采收季节炎热的(春、夏瓜栽培)较耐低温,就不易发生冷害。

西瓜果实遭受低温危害时,开始皮色变暗,随后果面开始凹陷,呈水渍状坏死发软。受冷害后的西瓜易受微生物侵染而腐烂。

防治方法:一是适温贮藏。新红宝品种应在5℃以上条件下贮藏,贮藏温度应采用逐步降温的办法,以减缓冷害的发生。二是贮藏西瓜应选择成熟度适当(以八成熟为好)、果皮厚硬、含糖量较高的品种,入库前应精心挑选、包装并充分预冷。三是采前7～15天喷洒0.4%氯化钙液,以增加组织中的含钙量,有利于增加果实的抗低温性。

3. 贮藏西瓜的失重、倒瓤与发汗

西瓜在贮藏过程中由于库内管理不当,经常会出现西瓜失水失重、倒瓤与果实发汗等问题。当库温偏高、湿度过低、空气流速(即风速)过大时,常引起西瓜果实水分蒸发过快过多而造成果实失水失重、果皮失去光泽、果肉因细胞间隙增大而发生倒瓤呈海绵状,解决的办法是入库的西瓜应经过适度晾晒风干,库内在保持较高湿度的前提下,使用防腐剂以抑制病菌的孳生蔓延。

西瓜贮藏过程中常见有果实表面有水珠凝结,即"发汗"现象。在库内空气相对湿度较高情况下,由于气温降至露点以下,过多的水气从空气中溢出,就在西瓜表面凝结成水珠,这些水珠有利于病原菌的孳生蔓延,对西瓜的贮藏极为不利。西瓜贮藏中发生的发汗现象,其形成原因是多方面的,如西瓜入库前的预冷不彻底、库温波动大、通风不及时,温度控制偏

高、库房隔热不良等。但只要严格掌握贮藏技术和精心管理，完全可以避免发汗现象的发生。

（四）西瓜的贮藏保鲜技术

西瓜的贮藏保鲜方法主要可分为短期的一般贮藏与中、长期的专业贮藏两类。短期一般贮藏又可分普通室内贮藏与窑窖或地下室贮藏，这是当前各地应用最多的一类贮藏方法；中、长期专业贮藏可分为通风库贮藏与机械冷库贮藏，由于这类贮藏要求设备多、投资大，目前只是在特殊情况下少量应用。不论采用哪种贮藏方法，西瓜入库前均必需进行选果、预冷、包装以及贮藏场所和西瓜表面进行消毒灭菌等处理，各项管理措施应尽量达到接近西瓜贮藏所需的最佳环境条件，即气温 15℃、空气相对湿度 80%～90%，在气调冷库内还要求空气中的氧气含量达到 3%～5%，二氧化碳含量达到 0.5%～2%，负离子浓度为 10^4 个/立方厘米，臭氧浓度为 10～30 微升/升。

1. 采收与选果

准备用于贮藏的西瓜应选择果形圆正、色泽鲜亮、瓜蔓和果皮上均无病虫害的八成熟好果。采收时间最好选在晴天上午进行。采摘时应保留一小段瓜蔓。西瓜采收后应防止日晒雨淋，要及时运送到比较冷凉的地方进行预冷。

2. 预　冷

预冷就是将西瓜体温在入库前降至适温范围，以便保持果实原有的品质。若贮藏前不经预冷，则因果温较高而使呼吸作用加强，环境气温也随之升高，很快就会进入恶性循环，造成果实腐败。最简单的预冷方法是在田间进行，利用夜间较低气温自然预冷 1 夜后，于次日清晨气温回升前装箱入库。

有条件的,可采用机械风冷法预冷。

3. 包装运输

经过预冷的西瓜,应包装后再入库。包装西瓜一般用木箱或纸箱。木箱用板条钉成,每箱体积约为 $60 \times 50 \times 25$(厘米),可装 4 个瓜。近年来,已发展改用硬纸箱包装。西瓜装箱时,先在箱底放 1 层木屑或纸屑,然后将用包装纸包好的西瓜放入箱内,若不用纸包,则每瓜之间用瓦楞纸隔开防止磨损,最后用钉子钉好箱盖或用打包机捆扎结实以备装运。

贮藏用的西瓜在采收、预冷、装箱和运输过程中均应注意轻拿轻放,避免任何机械损伤,运输途中要防止剧烈震荡。

一些耐贮运的大果型晚熟西瓜,也可以采用散装直接装车运输,但在车厢内应铺上一层 20 厘米厚的麦草或纸屑,进行分层装瓜,装瓜时大瓜在下、小瓜在上以减少压伤,每一层瓜之间可用麦草隔填,这样一般可装 6~8 层。

4. 贮藏场所与西瓜表面的消毒

西瓜果面消毒可选用福尔马林 150~200 倍液,或 60% 硫酸铜溶液,或 1 000 毫克/升甲基托布津溶液,或 15%~20% 食盐溶液,或 0.5%~1% 漂白粉溶液等进行浸泡消毒,消毒后沥干水分,放到阴凉处晾干即可,最好与预冷结合进行。贮藏场所的消毒,可用喷雾器均匀喷洒,包装箱及包装用具、贮藏架等也要同时消毒。

5. 短、中期贮藏

(1)露天简易贮藏法 瓜农在西瓜采收后出售前、西瓜运输户在外运前和运到目的地出售前均需进行短期贮放,一般只需存放 1~2 天,多则 3~5 天,这种贮存的方法最简单,不需任何设备,可以露地贮存也可以在室内存放,但一般均以露地临时存放为多;存放的场所应选在阴凉通风处、最好选在背阴地段(大树下或建筑物北侧),地面要扫清整平,最好撒上一层细沙,然后摆放西瓜,一般以垒叠2～3层为好,不宜过高,下雨时瓜堆上应加盖塑料布,雨停即撤除,白天高温期阳光直射或侧射到瓜堆时可临时加盖有色遮布(切忌用透明白色塑料布),傍晚气温下降后即可撤除。

(2)普通库房贮藏 需要贮存7～15天以上的中、短期贮藏,一般可选用阴凉通风无人居住的空闲房屋,屋内要清扫干净,清除不必要的各种杂物,腾出更多空间,地面与墙壁均应喷药消毒。地面可铺放一层麦秸、高粱秸或玉米秸,然后即可均匀摆放西瓜,高度以垒叠2～3层高为宜,房中要留出1米左右的人行道,以便人员进出管理检查。白天气温较高时应关闭门窗,应尽量减少人员出入,以免带进热空气;夜晚气温降低后就应打开门窗进行通风降温,室内温度最好控制在15℃左右,空气相对湿度保持在80%左右,空气干燥时地面可以适当洒一些水,每隔3～5天西瓜应倒翻1次,去除病杂烂瓜。此法一般可以贮存1个月左右。若有条件的话,可在室内搭设架子进行架藏,这样可以延长贮存时间。

(3)沙藏法 沙区或有沙源的地方,瓜农都有沙藏西瓜的经验。其方法是在比较阴凉的空屋内,喷药进行室内消毒后,地面铺上1层厚约10厘米的沙,然后将经过果面消毒的八成熟西瓜均匀排埋入沙中,瓜与瓜之间要留一点空隙,用沙子将西瓜顶部盖严,此法一般可以保鲜1个月以上。

(4)窖窑与地下室贮藏 这是一种冷凉式的空房贮藏,如西北的土窑洞、北方的窖窑、城市里的防空洞与地下室,这些贮藏场所的共同特点是房位处在地面下或半地面下,室内气温较低,比一般地上空屋明显冷凉,较适于西瓜贮藏。其贮藏方法与普通库房贮藏大体相同。但是,因其贮藏量较大,贮藏时间较长,故均采用装箱码垛贮藏,很少采用散装堆藏。码垛时箱边压箱边呈"品"字形,最好垛成横直交错的"花垛",箱间留 3～5 厘米的空隙,垛高离房顶 1 米左右,底层箱下面应填有木条或木棍,离地面 5～10 厘米,以利于通风,房中应留有 50 厘米的走道。库房内的温、湿度管理十分重要,室内应挂有温度计和干湿度计,定时观察。当室温高于适温时,应开门开天窗通风降温,尤应注意较长凌晨低温时的通风降温;湿度过高时可开门通风换气,过低时可适当喷水。应定时检查,一般每隔 10 天左右倒 1 次箱,淘汰烂果劣果,挑出不宜再继续存放的西瓜投入市场。这种方法一般可以贮存 30～50 天。

6. 中、长期专业贮藏

这是具有较现代化的通风或降温调控设备的专业水果贮藏库。它的投资大、成本高,只在出口瓜果与特需瓜果需要长期贮藏时才使用,短期贮藏西瓜时,除特殊情况外一般很少使用。

(1)通风库贮藏 这种库房必需具备隔热条件和通风设备。为了防止库外高温影响库内西瓜的贮藏,对库房的墙壁、天花板、地面、门窗、通风设备等均要求安装隔热材料。通风库主要是利用库外气温昼夜变化大而进行通风换气,使库内基本保持稳定适温,故必需具备冷气进口和热气出口的良好调控设备。这种库房的管理比较方便,贮藏费用不算高,适于温差大的地区应用。

(2)机械冷藏 这种贮藏冷库必须在良好的绝热建筑物中安装机械制冷设备,可根据西瓜贮藏所需温度、湿度和通风换气的要求进行人工调节控制。这种冷库贮藏西瓜的时间最长、效果最好,但成本太高,除外贸出口和特需外,一般均不采用。

七、提高种瓜效益与增加瓜农收入

（一）西瓜市场营销与种瓜效益分析

1. 西瓜商品的特点与市场营销

（1）西瓜的商品特点

第一，西瓜的主要用途是供鲜食用。因此，对其上市商品的新鲜度要求比较高。贮存后西瓜商品的新鲜度与品质均有一定下降，故西瓜不宜长期存放。从采收到消费者之间的流通过程应尽量缩短，以便确保商品瓜的新鲜可口。

第二，西瓜是季节性很强的商品。西瓜能消暑解渴，是人们在夏季普遍喜食的水果，天气越热需要量越大，天气凉了需求量就少了。因此，西瓜市场供应不必强求与蔬菜一样实行周年均衡供应，而是应该强调当地炎热季节的重点供应和非炎热季节的适量供应。根据我国的气候特点，从总体大范围来看，5～10月是市场西瓜商品的主要供应季节，其中6～8月是重点供应季节，其余冷凉季节只需少量特需供应即可；当然，华南热带亚热带地区的夏季较长，需要正常供应西瓜的季节也就相应延长。

第三，西瓜是携带贮运不便的个大而圆的商品。因此，今后可能会更多发展一些携带较方便的中、小型优质品种，流通渠道的中间贮运应采用长方形纸箱包装最为适宜，散装贮运西瓜将逐渐被淘汰。

第四，西瓜是质量要求很高的商品。长期以来，消费者对西瓜质量的要求主要集中在"甜"字上，所以消费者均选甜度高的品种和成熟度好的西瓜,最忌讳不甜的生瓜。随着市场经济的发展和人民生活水平的提高,消费者对西瓜商品要求越来越高,不仅要求甜度高、熟度好,而且要求外观美(包括果实外观和剖面)、内在质量好(包括口感风味和安全无公害)。

(2)西瓜商品的市场营销

① **销售渠道** 西瓜销售一般可分直接销售与非直接销售两个渠道。直接销售就是瓜农把采收的西瓜直接拉到居民区销售。直接销售的西瓜,一般新鲜度较高、品质与成熟度较好、价格也比较便宜,所以深受市民欢迎。对瓜农来说,由于减少中间环节的直接销售收入高于非直接销售,因此瓜农也很满意。但是,随着城市市场管理的加强,不少城市禁止瓜车直接进入市区销售。有的城市强调保护农民利益,继续允许瓜农直接销售。这个问题尚待各地妥善处理。上海郊区有条件的西瓜生产单位采用网上直接销售的办法取得了较好效果。他们先在网上宣传西瓜生产商品消息,消费者根据网上信息可以电话订购,生产单位即可直接把商品瓜送到消费者手里。网上销售的西瓜质量好、价格较高,一般用于少量档次较高的品种,如袖珍小西瓜或品牌优质瓜。随着城市的发展,这种网上销售渠道会有较好的开发前景。

非直接销售就是瓜农把采收的西瓜送到当地的批发市场整车批发销售,也有西瓜商贩直接到地头去收购的。非直接销售渠道至少有两个中间环节,即产地与消费城市两个批发市场,中间环节越少越短为好,以免影响商品的新鲜度和品质,同时也可减少成本,降低售价。

② **商品销售形式** 一般分散装零售和包装箱销售两种形式。大果型品种多用散装零售方式,但少数长途远运也有采用包装箱运输的;袖珍小西瓜品种皮薄易裂,必须全部采用

纸箱包装运销。

③ **商品标准与价格** 商品标准包括不同品种的特征标准与商品要求标准两方面内容。前者包括不同品种的皮色、花纹、果形、果实大小以及瓤色的标准性状,后者包括市场对商品标准化的一致性要求,如对果实大小与成熟度要求基本一致。

西瓜商品的价格差别很大,低的每千克 0.4～0.5 元,高的可达每千克 8～10 元,因品种、季节、市场以及商品质量的不同而异。好品种与新、优、特品种的价格比较高,大路品种就比较便宜;大量上市季节比市场淡季的价格便宜,一般 6～8 月是全年瓜价最便宜的时候。由于受特殊情况影响商品库存而使价格浮动,如因遇连续阴雨,天气凉爽,西瓜销售困难而造成商品积压和降价;或因连续高温市场需求急增,库存不足而涨价;或因受自然灾害影响,交通堵塞,西瓜运不进来而涨价等等。商品质量好和有品牌效应的商品价格就高,如浙江温岭的麒麟牌西瓜单价比一般西瓜高出 1 倍左右。

④ **商品与流通** 瓜农采收的西瓜商品一般至少要经过 3 个环节(瓜商到地头收购或瓜农把西瓜送到产区批发市场或瓜市→瓜商把商品瓜从产区拉到销售城市批发市场→零售商)才能到达消费者手中。

全国商品西瓜的调剂大流通,主要是 3～4 月份海南西瓜大量运往内地,独占内地市场;5 月份华南露地西瓜(广东湛江、广西北海等地)北运销售;4～5 月份中部地区(华北地区与长江中下游地区)大棚西瓜大量上市,主要供应当地市场与附近城市;6～7 月份中部地区露地西瓜大量上市,集中产区的西瓜往附近城市和缺瓜少瓜地区(华南、西南)销售;8 月份西北地区(新疆、宁夏、内蒙古河套地区、甘肃等)露地西瓜大量上市,部分远销内地市场。同期,东北地区西瓜上市,主要供当地或附近销售,很少进入全国大流通的长途远运销售。各地各季西瓜上市初期,由于当地瓜价较高,故外运的比较少,西瓜大量成熟采收后才进入全国大流通远销。

2. 种植西瓜的经济效益分析

一般来说,种植西瓜的经济效益比较好。但是,不同瓜农之间的收入差别很大:在正常情况下,效益低的每 667 平方米瓜田的收入仅为数百元,高的甚至可达万元以上。长期以来,不少瓜农一直认为提高产量是增加经济效益的主要途径,认为增产就增效。但是,随着市场经济的发展,种植业的经济效益将受市场规律所左右,单纯依靠增加商品数量已不适应市场需求。当前,各地种植西瓜的经济效益差别主要决定于以下几个方面的原因。

(1)品种不同 种植高、新、优西瓜品种的经济效益一般要比种植普通西瓜高,如北京及其附近地区种植优质品种京欣 1 号的经济效益比种植西农 8 号、新红宝、丰收 2 号等中、晚熟大路品种的要高,沪、浙、苏一带种植特优品种早佳(84-24)的效益最好,上海、山东、江苏东台等地种植适于市场需求的袖珍小西瓜的效益很好,河南开封地区、湖北荆州地区、湖南岳阳地区、海南南部地区种植无籽西瓜的效益比普通西瓜好。

(2)栽培方式与栽培季节不同 西瓜保护地栽培(大、中棚或小拱棚)由于上市早、季节差价大,因此经济效益比露地栽培的要高几倍。反季节栽培如夏季晚熟栽培、秋延后栽培、山地栽培等由于西瓜上市正值市场供应淡季,价格较高,故经济效益十分明显。

(3)商品质量不同 通过一系列农业措施能把商品瓜质量显著改进的其经济效益也就相应提高,商品瓜达到标准化要求(外观、大小、成熟度、内在品质一致)、创出品牌效益的均能显著提高效益,如浙江温岭的麒麟牌早佳品种由于商品质量好、品牌效应高,每 667 平方米收入比一般西瓜高出 1 倍以上。上海、海南、山东、北京等省、市均推出了自己的西瓜品牌商品,从而大大提高了经济效益。

种植西瓜经济效益的高低除受上述各项技术因素的影响外,还受其他一些非技术因素的影响,如不同年份之间种瓜效益的差别常受当年气候条件的好坏和市场需求变化的影响:若当年雨水灾害多西瓜生产受损而供不应求,而种植正常的瓜农效益就比较好;西瓜大量上市期内,气温高,需求量大,造成供不应求时,效益就好;反之,遇到连续阴雨,天气凉爽,需求量少,瓜价提不高就影响收益。

(二)增加瓜农收入的主要途径

1. 加快产业化发展,增加瓜农收入

20 世纪 90 年代以来,我国西瓜生产在市场经济推动下,在产业结构调整中,探索了实行产业化发展的途径,为瓜农增收找到了根本之路。各地的经验证明,实现西瓜生产的产业化发展,必需具备规模生产、产销有机结合、优化商品 3 个条件。

(1)规模生产是实现西瓜产业化发展的前提 一家一户的个体瓜农在市场经济下常表现为势单力薄,竞争力差,效益低下。目前各地西瓜生产实行规模生产的形式较多,主要有以下几种。

① 以乡镇为单位组织的西瓜专业协会或西瓜经济联合

体　这种形式的特点是规模大,少则几百公顷,多则上千公顷,但是这种形式的生产基础单位仍然是个体瓜农,而且生产规模过大,故在实施模式化栽培、提高商品瓜质量和产销结合等方面都有一定难度,其中协调运作较好的单位也取得了很好的发展效益。今后这种形式应进一步总结提高以求不断发展。

②　公司加农户形式　个别地方试用了此种形式,其生产基础单位也是个体瓜农,同时公司又多为工业投资公司,不太熟悉农业,因此,尚未见有成效显著的典型事例。中央提出积极提倡龙头企业应在农业产业化发展中积极发挥作用,故西瓜行业今后应继续探索这种形式的应用。

③　专业种植大户形式　这种形式的特点:一是生产有一定规模,少则10多公顷,多则几十公顷;二是产销由既有熟练种瓜技术,又有较强市场经济观念的种瓜专业大户统一管理;三是劳动力来源主要依靠雇用外地农民。各地实践证明,这种形式活力最强,先进技术推广应用最快、经济效益最好,故近年来发展较快。其中,最典型的事例是浙江温岭"玉麟"牌西瓜的产业化发展经验,商品瓜质量优,品牌知名度高,经济效益好,经营规模大,瓜农得益多。其他像海南省冬春季露地嫁接无籽西瓜生产的产业化发展和山东昌乐、江苏东台大棚栽培西瓜的产业化发展均取得了较高的经济效益和较好的社会效益。由于这种产业化模式实现了生产与销售的完全统一,因此产销结合十分紧密;同时又因其易于实施模式化栽培技术规程而有利于商品实现标准化和优质化,从而在竞争中显示出强大的生命力。这种模式符合我国当前国情,适于进行劳动密集型集约精细栽培,它与日本西瓜家庭集约栽培的产业化模式有些相似,但是它的生产规模要大一些,现代化水

平稍差一些。这种模式在今后我国的西瓜产业化发展中值得大力提倡和推广。

(2)产销的有机紧密结合是实现西瓜产业化发展的关键

长期以来,产销脱节是实现产业化发展的主要障碍,这是因为只抓生产不问销售,在市场经济下往往难以获得好效益;而只抓经销不管生产,则因得不到优质商品保证而缺乏市场竞争力。目前主要采用的产销结合的方式有两种:一种是生产者直接将商品瓜送当地(产区)批发市场交易;另一种是中间商(即购销大户农民经纪人)从产区(瓜地或产区市场)收购商品瓜后,运往外地消费城市批发市场销售。另外,还有少数生产单位直接将商品瓜送往消费地区批发市场交易或进入超市和代销店直销。

(3)提高商品瓜质量是实现西瓜产业化发展的核心内容

在市场经济中,只要商品好,就有竞争力,就能占领市场,就能取得高效益。因此,提高商品瓜质量是实现西瓜产业化的核心内容,是产业化发展成功的保证。

2. 搞好生产,提高产量和质量,是当前个体瓜农增加收入的主要途径

在市场经济下,瓜农要增加收入,应从生产和销售两方面考虑。搞好生产是增收最基本的重要途径,包括提高单产和改进商品瓜质量。

(1)提高单位面积产量,长期以来一直是瓜农增加收入的首要途径 增产增收是人人皆知的常理,但在市场经济下,只有品种对路、上市季节适宜和商品瓜质量好时,才能达到增产增收的目的;反之,盲目增加低产值商品产量和供大于求时的增产均会适得其反,导致增产愈多损失愈大的不良后果。

以前,瓜农在增产技术上常常采用增加密植度、一株结多果和多次采收等措施以增加单位面积结瓜数来达到增产增收的目的。但在市场经济下,大小不一、等级不同的混合商品价值不高,增产也不一定能达到增收的目的。只有提高商品率,提高商品等级和商品高度一致,才能增产增收。

瓜农增加收入除了要增加种瓜收入外,还应考虑如何增加瓜田的年收入。西瓜作物具有生育周期短、行株距大、匍匐栽培等特点,应充分利用瓜田有利的空间与时间差,进行合理间作套种,以增加瓜田的年产量和年收入。这在我国 1 年两作或两作多一点的栽培地区推广应用的效果最好,如长江中下游地区的麦瓜稻间套作、华北地区的瓜田后套棉花、玉米等大秋作物以及城市郊区与蔬菜作物间套作等,均可获得增加瓜田年产量和年收入的效应。

(2)提高商品瓜质量是今后瓜农增加收入的重要途径

随着市场经济的发展,商品之间的质量差价将逐步加大,故提高商品瓜质量将比增加产量的经济效益更大更好。商品瓜质量包括品种是否与市场需求对路,商品性状要好(包括皮色、花纹、果个大小等外观商品性状与肉色、皮薄、籽少等剖面商品性状),口感风味要优(包括味甜、水多、质脆细等),要卫生无污染(属无公害生产食品),附有增值性外包装等 5 个方面内容。瓜农不论在哪个方面把工作做到家,就能获得增值增收的效应。

3. 遵循市场经济规律,强化销售工作,是瓜农增加收入的另一个重要新途径

(1)反季节生产,淡季销售 由于西瓜商品的季节差价大,缺瓜淡季瓜价高、效益好。因此,进行反季节生产,尽量避开大量上市高峰,在淡季销售供应就能获得显著增收效应。目前我国中部地区西瓜的反季节生产,主要是冬春大棚栽培以解决 4～5 月份的淡季供应,秋延后大棚栽培以解决 9～10 月份淡季供应,而 6 月份(即大棚瓜结束、露地瓜大量上市前)与 8 月份(即一般露地瓜已基本结束、秋延后瓜上市前)两个小淡季是当前市场上的薄弱环节,为此,有的瓜农采用春季小拱棚栽培和夏季露地(包括山区)延后晚熟栽培解决了上述小淡季供应问题,取得了较好的经济效益。

(2)**节假日销售** 由于节假日市场需求量大,瓜价较高,各地瓜农可通过改进栽培技术和贮藏方法,把西瓜放到节假日销售,必能增收增效。尤其是在天气较暖热的"五一"与"国庆"长假销售,增效更明显。

(3)**短期贮藏后销售** 每年西瓜上市高峰期内,常因瓜多价低而出现瓜贱伤农现象。另外,盛夏季节常因大雨暴雨后天气突然转凉,销售西瓜比较困难,价格也低。如遇到上述情况时,可就地利用仓库、地窖、防空洞等较冷凉的地方短期贮存,待天气转晴返热和瓜价回升后再上市销售,可减少损失,增加效益。

(4)**易地销售** 西瓜的销售价格各地不一,有高有低。故在上市前应了解当地和附近地区的瓜价情况,哪里价格高就把西瓜运往哪里,不一定非送大城市。有时也会出现县城的瓜价比大中城市高、乡镇农村的瓜价比县城高的现象。

(5)**对口销售** 瓜农可根据不同消费者的需要,组织西瓜不同品种的生产,对口销售。消费对象若是一般城市居民,则以生产销售优质中、小型品种为好;如可直接把瓜拉到居民区销售时,品种不宜太单一,最好 2～3 个品种搭配,以适应不同消费者的需要;若能配套服务送瓜到家,则可有效提高销售效果。在旅游点、交通要道和医院附近或作礼品瓜用时,则以销售便于携带的优质袖珍小西瓜为宜。宾馆饭店的餐后用瓜、市场零售切片用瓜以及长途远运用瓜,以销售大型优质的耐贮运品种和无籽西瓜为好。

(6)大城市与经济发达地区高档新、特、优产品的特销 大城市与经济发达地区购买力强,消费水平高,虽然对商品要求高,但只要商品好、有特色,就能卖到好价钱,所以生产新、特、优品种的瓜农可组织高档商品瓜进行特约代销专卖,有条件的亦可在网上销售。高档商品瓜的特销,虽然要求高、难度大,但其增值增效极为显著。

(7)包装销售 常言道:"佛要金装,人要衣装,商品要包装"。商品的好包装可大大提高其附加值。西瓜的包装包括瓜面贴字、贴有品牌商标和精致纸箱包装 3 种,不论采用哪种包装,均有明显的升值效应。

金盾版图书,科学实用,
通俗易懂,物美价廉,欢迎选购

大棚温室西瓜甜瓜栽培技术	10.00元	引进台湾西瓜甜瓜新品种及栽培技术	8.50元
怎样提高西瓜种植效益	6.50元	南方小型西瓜高效栽培	6.00元
西瓜栽培技术(第二次修订版)	6.50元	西瓜标准化生产技术	8.00元
无子西瓜栽培技术	8.00元	西瓜园艺工培训教材	9.00元
西瓜保护地栽培	4.50元	瓜类嫁接栽培	7.00元
西瓜栽培百事通	12.00元	瓜类蔬菜良种引种指导	12.00元
甜瓜标准化生产技术	10.00元	无公害果蔬农药选择与使用	5.00元
甜瓜优质高产栽培(修订版)	7.50元	果树薄膜高产栽培技术	5.50元
甜瓜保护地栽培	6.00元	果树壁蜂授粉新技术	6.50元
甜瓜园艺工培训教材	9.00元	果树大棚温室栽培技术	4.50元
西瓜甜瓜南瓜病虫害防治	8.50元	大棚果树病虫害防治	16.00元
西瓜甜瓜良种引种指导	11.50元	果园农药使用指南	14.00元
怎样提高甜瓜种植效益	7.50元	无公害果园农药使用指南	9.50元
西瓜无公害高效栽培	10.50元	果树寒害与防御	5.50元
无公害西瓜生产关键技术200题	8.00元	果树害虫生物防治	5.00元
		果树病虫害诊断与防治原色图谱	98.00元

以上图书由全国各地新华书店经销。凡向本社邮购图书或音像制品,可通过邮局汇款,在汇单"附言"栏填写所购书目,邮购图书均可享受9折优惠。购书30元(按打折后实款计算)以上的免收邮挂费,购书不足30元的按邮局资费标准收取3元挂号费,邮寄费由我社承担。邮购地址:北京市丰台区晓月中路29号,邮政编码:100072,联系人:金友,电话:(010)83210681、83210682、83219215、83219217(传真)。